常用花类中药材栽培与加工技术

邢永会　著

天津出版传媒集团
天津科学技术出版社

图书在版编目（CIP）数据

常用花类中药材栽培与加工技术 / 邢永会著. --天津：天津科学技术出版社，2022. 6

ISBN 978-7-5742-0155-2

Ⅰ. ①常… Ⅱ. ①邢… Ⅲ. ①药用植物－栽培技术②中草药加工 Ⅳ. ①S567②R282. 4

中国版本图书馆 CIP 数据核字（2022）第 102559 号

常用花类中药材栽培与加工技术

CHANGYONG HUALEI ZHONGYAOCAI ZAIPEI YU JIAGONG JISHU

责任编辑：韩　瑞

责任印制：兰　毅

出版：天津出版传媒集团 / 天津科学技术出版社

地址：天津市西康路 35 号

邮编：300051

电话：（022）23332390

网址：www. tjkjcbs. com. cn

发行：新华书店经销

印刷：北京荣玉印刷有限公司

开本 850×1168　1/32　印张 6　字数 180 000

2022 年 6 月第 1 版第 1 次印刷

定价：35. 00 元

前言

中医国粹，根植民众。中医中药是中国五千年传统文化的瑰宝和精髓，历史悠久，源远流长。中医中药在治疗常见病、多发病和疑难病等方面独具特色和优势，备受广大人民群众的推崇。党和国家一贯重视中药材的保护和发展。中药材在中医药事业和健康服务业发展中的基础地位突出，现代农业技术、生物技术、信息技术的快速发展和应用，为创新中药材生产和流通方式提供了有力的科技支撑。

在中药材中，植物性药材占大多数，使用也更普遍，所以古来相沿药学叫作“本草学”。一直以来，我国各医药、农业科研单位致力于中药材绿色中药材栽培技术的研究，植物中药材实行规范化种植，为中医药的发展提供了坚实的物质基础，推动了中医药事业的发展。

近年来，除人们常见的以植物根及根茎为主要用途的根类中药材外，以花蕾及花为药的花类中药材，因其多数为药食同源类中药材，应用更为广泛，比如各种花类中药材的花茶、食用，还有观赏等多方面的应用，如银花、菊花、红花等花类中药材种植面积得以迅速扩大。

本书对红花、金银花、菊花、玫瑰花、薰衣草、藏红花、鸡冠花、辛夷、槐花常见花类中药材，从生物学特性、栽培技术、病虫害防治、采收加工等方面进行了阐述。比较适合于基层农业技术人员、从事中药栽培的农民学员及各类新型农业经营主体带头人在实践中参考应用。

由编者水平有限，不妥之处请读者提出宝贵意见。

编者

2022 年 3 月

目 录

第一章　花类中药材的繁殖与良种选育

第一节　种子繁殖

由种子发育而形成新个体的繁殖方法，称为种子繁殖。种子繁殖是植物有机体在长期发展过程中形成的适应环境的一种特性，其后代不仅数量多而且具有较强的可塑性和更广泛的适应性。因此，用种子繁殖，繁殖系数大，方法简便而经济，也有利于引种驯化和培育新品种，在花类中药栽培实践中应用最为广泛。

一、种子的特性

(一)种子休眠

种子是在休眠状态下的有生命的活体。种子在适于发芽的条件下，暂时还不能发芽的现象称为生理休眠。种子由于得不到发芽所需的条件，暂时不能发芽的现象，称为强迫休眠。

生理休眠的原因较多：一是胚尚未成熟；二是胚虽在形态上发育完全，但贮藏物质还没有转化成胚发育所能利用的状态；三是胚的分化虽已完成，但胚细胞原生质出现孤离现象，在原生质外包有一层脂类物质（上述 3 种情况均需经过后熟作用才能萌发）；四是在果皮、种皮或胚乳中存在抑制物质，阻碍胚的萌发；五是由于种皮

太厚太硬，或有蜡质，影响种子萌发。

（二）种子的寿命

种子是有一定寿命的。种子的寿命是指种子能保持生活力的时间，即在一定环境条件下能保持生活力的最长年限。各种花类中药种子的寿命相差很大。

二、种子萌发的条件

种子萌发，除本身必须具备生活力这个内在因素外，还需要适宜的外界条件，主要是指水分、温度和氧气，这三个条件称为种子萌发三要素，缺一不可。

种子萌发需要吸足水分，其内部才能进行各种生化反应和生理活动。各种花类中药种子萌发时吸水量是不同的。一般来说，脂肪类种子吸水少，蛋白质高的种子吸水多，淀粉质种子吸水量居中。

种子萌发时，呼吸作用强烈，需要吸收很多氧气。土壤氧气供应状况对种子发芽有直接影响。

一般花类中药的种子需要10%以上的氧浓度，才能正常发芽，尤其是含脂肪较多的种子，萌发时需要更多的氧气。

三、种子的质量检验

种子质量检验包括的内容有：

（一）种子净度

是指样品中去掉杂质和废种子后，留下的本作物健康种子的重量占样品总重量的百分率。生产上一般要求达到95%；但小种子因花梗、细茎残体与种子大小、比重相近很难分开，所以要求达

到75%左右;刚开始野生转家种品种要求达到50%左右。

(二)种子含水量

是指种子中所含有水分的重量占种子总重量的百分率。

(三)种子千粒重

是指自然干燥的1000粒种子的绝对重量,以克为单位。千粒重可作为衡量种子饱满度的重要依据。同一物种或品种的种子千粒重越大,表明种子越饱满,质量也越好。

(四)种子发芽力

包括发芽率和发芽势。发芽率是指发芽终期的全部正常发芽种子粒数占供检种子粒数的百分率。发芽势是指在规定日期内的正常发芽种子粒数占供检种子粒数的百分率。

种子发芽率(%)=发芽终期全部正常发芽粒数/供检种子粒数×100%

种子发芽势(%)=规定日期内能正常发芽粒数/供检种子粒数×100%

花类中药种子发芽率多分为甲、乙两级,甲级种子要求发芽率达到90%～98%,乙级种子要求达到85%左右;少数花类中药种子发芽率较低。

发芽势是衡量种子发芽速度和整齐度,即种子生活力强弱程度的参数。

(五)种子生活力

是指种子发芽的潜在能力,或种胚所具有的生命力。化学试剂染色法是快速检测种子生活力的常用方法。

四、播种

(一)种子准备及播种量

在播种之前要进行种子准备工作,要对种子进行质量检验:包括种子生活力、发芽率和发芽势、净度、纯度、千粒重等,应对该批种子有一个全面了解才能进行播种。播种量是指每亩土地播种所需的种子数量。播种量除应根据播种方法、密度、千粒重、发芽率等情况决定外,还应结合当地气候、土壤及其他环境条件酌情增减。一般种植密度大、千粒重高但发芽率和净度低的种子,播种量应多些,反之则可少些。

(二)种子处理

播种前进行种子处理是一项经济有效的增产措施。它不仅可以提高种子品质,防治病虫害,打破种子休眠,促进种子萌发和幼苗健壮生长,发芽整齐,且由于其操作简便,取材容易,成本低,效果好,生产上被广泛采用。种子处理的方法很多,主要有以下几种。

1. 化学物质处理

(1)一般药剂处理:用化学药剂处理种子,必须根据种子的特性,选择适宜的药剂和适当的浓度,严格掌握处理时间,方可收到良好的效果。如明党参的种子在0.1%小苏打、0.1%溴化钾溶液中浸30分钟,捞起立即播种,一般发芽提早10～12日,发芽率提高10%左右。

(2)植物激素处理:常用的激素有吲哚乙酸、萘乙酸、2,4-二氯苯氧乙酸、赤霉素等。如使用浓度适当和浸种时间合适,能显著提高种子发芽率和发芽势。如党参种子用0.005%的赤霉素溶液浸

6 小时，发芽势提高 125%，发芽率提高 115.3%。

(3)微量元素处理：以适宜浓度的微量元素溶液浸种，可促进萌发。溶液浓度和浸种时间，因植物种类不同而有差异。常用的微量元素有锰、锌、铜、钼等。

2. 物理因素处理

(1)浸种：采用冷水、温水或冷、热水变温交替浸种，不仅能使种皮软化，增强透性，促进种子萌发，而且还能杀死种子所带病菌，防止病害传播。不同的种子，浸种的时间和水温亦不相同。

(2)晒种：晒种不仅能促进种子的后熟，提高种子发芽势和发芽率，还能防治病虫害。晒种时，最好能将种子薄薄地摊在竹席或竹匾上晒，如在水泥场地上晒种，应特别注意防止温度过高灼伤种子，丧失发芽力。晒种时要经常翻动种子，促使受热均匀。晒种时间的长短，要根据种子特性和温度高低而定。

(3)层积处理：层积法是打破种子休眠常用的方法，银杏、忍冬、黄连、吴茱萸等种子常用此法来促进后熟。先将种子与腐殖质土或洁净细沙(1∶3)充分拌和，装于花盆或小木箱内，存放荫凉处。如种子数量多，也可选高燥荫凉处挖坑，坑的大小视种子数量而定，先在坑底铺一层细沙，上放一层种子，再盖细沙，如此层积，在最上面覆盖一层细沙，使之稍高出地面即可。

(4)机械损伤处理：利用破皮、搓擦等机械方法损伤种皮，使难透水、气的种皮破裂，增强透性，促进种子萌发。如杜仲采用剪破翅果，取出种仁直接播种，上盖 1 cm 左右沙土，在适温(均温 18～19℃)和保持土壤湿润的情况下，25～30 日出苗率可达 87.5%。种皮被有蜡质的种子，可先用细沙摩擦，使种皮略受损伤，浸种充分发芽率显著提高。

3. 生物因素处理

主要是利用有些细菌肥料，能把土壤和空中植物不能直接利

用的元素,变成植物可吸收利用的养分的作用,以促进植物的生长发育。或增加土壤中有益微生物。常用的菌肥有根瘤菌剂、固氮菌剂、磷细菌剂和“5406”抗生菌肥等。如豆科植物决明、望江南等,用根瘤菌剂拌种后,一般可增产10%以上。

(三)播种期

花类中药特性各异,播种期很不一致。通常以春、秋两季播种为多。一般耐寒性差、生长期较短的一年生花类中药以及种子没有休眠特性的花类中药宜春播,如薏苡、紫苏、荆芥、川黄柏等。耐寒性较强、生长期较长或种子需要休眠的花类中药应秋播,如珊瑚菜、厚朴等。由于我国各地气候差异很大,同一种花类中药,在不同地区播种期也不一样,如红花在南方宜秋播,而在北方则多春播。每一种花类中药在当地都有一个最适宜的播种期,在这个时期内播种,产量高,质量好。错过季节播种,产量和品质都会显著下降。因此,播种期应根据花类中药生物学特性和当地的气候条件而定,做到不违农时,适时播种。

(四)播种深度

播种深浅和覆土厚薄,直接影响到种子的萌发、出苗和植物生长,甚至决定着播种的成败。播种深度与种子大小及其生物学特性、土壤状况、气候条件等多种因素有关。种子大的可适当深播,反之则宜浅播;在质地疏松的土壤,可适当深播,黏重板结的土壤,则要浅播;气候寒冷、气温变化大、多风干燥的地区,要稍深播,反之则应浅播。一般播种深度为种子直径的2~3倍。

(五)播种方法

花类中药的播种方法分直播和育苗移栽,直播即将种子直接播于大田。但有的花类中药种子极小,有的苗期需要特殊管理或

生育期很长，应先在苗床育苗，然后移植大田，如毛地黄、人参、泽泻、杜仲、穿心莲等。育苗移栽可延长生育期，节省土地，便于精细管理和连接茬口。在播种操作上可分为点播（穴播）、条播和撒播，应根据各种花类中药的生物特性、土地情况和耕作方法等，选择适当的方法。一般苗床育苗以撒播、条播为好，田间直播则以点播、条播为宜。

五、育苗

（一）保护地育苗

保护地育苗是在有保护设施条件下统一培育幼苗的一项育苗新技术。保护地育苗与传统露地育苗相比，具有如下优点：一是缩短幼苗的生育期，提高土地利用率，增加单位面积年产量；二是提早成熟，增加早期产量，提高经济效益；三是节省种子用量；四是减少外界不良天气对芽苗的影响，减少病虫为害，提高芽苗质量；五是适应现代化集约化规模生产要求，可大批量快速培育壮苗。

1. 播种前准备及播种

在播种前 25～30 日建好棚，深耕，施足底肥；然后将肥与土混匀、锄细整平，开沟作畦；多按 1～1.5 m 开厢；播种前 5～7 日进行床土消毒。同时进行种子处理、浸种、催芽、播种。

2. 保护地育苗的方式

主要有以下几种方式。①阳畦：由风障、畦框、覆盖物三部分组成。其形式很多，以改良阳畦性能为佳。改良阳畦由土墙、棚架、土屋顶、覆盖物（薄膜或玻璃及蒲席）等部分组成。②温床：利用阳畦（或小拱棚）的结构，在床底增加加温设施即为温床。温床的热源，除利用马粪、鸡粪、树叶等有机物酿热外，还可采用水暖、

烟囱热和电热线加温带等。③塑料大棚:利用塑料薄膜和竹木、钢材、水泥构件及管材等材料,组装或焊接成骨架,加盖薄膜而成。④温室:温室是由地基、墙地构架、覆盖物、加温设备等部分构成。温室采用煤火、暖气、热风、地下热水等加温设施。

3. 保护地育苗的管理

育苗的管理有以下要点。①温度要稳定,最好控制在20～25℃。②苗床保证有充足光照。③炼苗:保护地内生长的幼苗长期处在温高、湿大、光照弱的环境条件下,柔弱娇嫩,抗逆性差。为了使幼苗能适应分苗或定植后的环境,应在栽植前进行炼苗。炼苗主要采用降低床温、控制浇水、加强通风等措施。经过锻炼的秧苗,茎变粗、节间短、叶色浓绿、新根多,定植后缓苗快、长势强、抗逆性强,开花结果早,产量高。④追肥:在基肥不足的情况下,追施一定量的氮肥。⑤浇水:一般保持苗床湿润为好,在定植前把秧苗浇透。⑥防鼠:注意鼠害。⑦注意大棚保护地消毒:为了防止因作物长期连作和棚内湿度大而造成的病虫害发生和蔓延,应该对多次使用的大棚进行严格消毒。

(二)露地育苗

露地育苗指不用覆盖物或只在短时盖一层薄膜临时防冷的育苗方法。露地育苗是最简单的一种育苗法。这种方法多用于春季晚熟栽培或一年一季的越夏栽培,但主要是初夏和夏秋季节。

1. 苗床的选择

苗床应选择地势高燥、向阳、排灌方便、土层深厚、富含腐殖质、疏松透气、保水保肥性良好的砂壤地块,施用的肥料应充分腐熟,田间排灌沟渠一定要畅通。

2. 苗床的准备

播前翻耕好土壤，施足以农家肥、有机肥为主的基肥，并加拌一些复合肥，耙细整平土壤，做好苗床。

3. 播种方法

播种方法宜先浇底水，覆一薄层细土后再播种。少数发芽缓慢的药材种子，则需浸种催芽后播种。选择雨后晴天播种。切忌大雨来临前播种，以免冲走种子或泥沙淤积影响种子发芽出苗。播种后，春季可加设简易的覆盖，如薄膜、草帘等，白天揭开，傍晚覆盖防霜，夏季播种必须保持土壤湿润。播种后需盖稻草遮阳，保湿育苗，防暴雨冲刷种子。

4. 加强苗期管理

播后要覆碎草，或草帘以遮阳、防热和保墒，当芽顶土时揭去。7～8 月份气温高，水分蒸发量大，此时要勤浇水，以满足芽苗生长的需要。浇水要做到凉水浇凉地，即在清晨或傍晚地温和水温都较低时进行，高温时浇水，易伤根死苗。中耕的同时要清除苗床内的杂草，涝雨天气要注意排水。苗期可施淡粪水 2～3 次。近年来普遍推广应用遮阳网遮阳育苗，效果很好，可提高出苗率和成苗率。

5. 适时定植

夏秋露地育苗，苗龄一般较短，应适时移栽，以利成活。一般 30～40 日即可移栽定植。

(三)无土育苗

无土育苗是指育苗期间不使用土壤，而是用岩棉、炉灰渣、河沙、蛭石、炭化稻壳等无土基质代之，并施用人工配制的营养液的一种快速育苗方法。无土育苗是近年来发展起来的一种育苗方法,由于采用了各种通透性好的无土基质和养分平衡的营养液,极大地改善了幼苗的生态条件,促进幼苗生长发育,所以出苗快,长势强,生长迅速,整齐一致,苗健壮。

1. 基质的选择和处理

基质是固定植物根系,并为植物根系创造一个良好的养分、水分、氧气供应状况的载体。应注意选择通气性良好、保水性强的材料做基质。但应不含有毒物质,酸碱度中性或微酸性。常见的有:陶粒、珍珠岩、草炭土、炉灰渣、沙子、炭化稻壳、炭化玉米芯、粒径2～3 cm的碎砖、发酵好的锯末、甘蔗渣、栽培食用菌废料等。这些基质可以单独使用,也可几种混合使用。基质选好后,要注意基质的消毒处理,如采用喷淋 0.2%的高锰酸钾溶液消毒。

2. 建造苗畦

在育苗场所,按宽约 1.5 m、长根据地形和面积需要而定,挖6～12 cm深,用酿热物的挖 12～14 cm 深,整平,四周用土或砖块做成埂。然后在畦内铺上农膜(可用旧膜)和酿热物,按 15～20 cm 见方打 6～8 mm 粗的孔,以便透气、渗水。除膜下的土中掺入酿热物外,有条件的在膜上还可垫一层 5～10 cm 的酿热物,铺平踩实后,再在上面铺上基质 2～3 cm 厚,整平后即可播种。

3. 营养液的配制

营养液要求营养成分全面,浓度适宜,pH 5.5～6.5 为宜。具体配法是:在每 1 000 L 水中加入尿素 400 g、磷酸二氢钾 450～500 g、硼酸 3 g、硫酸锌 0.22 g、硫酸锰 2 g、硫酸钠 3 g 和硫酸铜 0.05 g,充分溶化后即成。也可采用炉灰渣、草炭土等基质,可不加微量元素。还有基质加有机肥法:基质+1/200 的膨化鸡粪,或基

质+2/3的腐熟有机肥，混匀，铺平即可。苗期只浇清水即可，一般不施用其他肥料。在育大苗时，可在育苗后期喷洒0.2%的尿素+0.3%磷酸二氢钾1～2次。

4. 精细播种

严格种子消毒，保证种子不带病菌。浸种催芽有利出苗。为防止营养液漏出，可在育苗盘底部铺上整块塑料薄膜，然后铺基质3～4 cm厚，整平后准备播种。播种前将基质用清水浇透，但不要积水，然后将种子均匀撒在基质表面，播种密度可为熟土育苗的3～4倍，播种后在种子上覆基质1～1.5 cm，上面再覆盖塑料薄膜保湿。

5. 移苗前肥水管理

出苗后及时把薄膜掀去，让幼苗充分见光。这时只需要浇清水即可，保持基质湿润，其他管理同常规育苗。出苗期间，温度控制在25～30℃，空气相对湿度保持在85%以上。当幼苗缓苗后，开始浇灌营养液，前期每周供应1次营养液。当2片真叶展开后再开始每周浇2次营养液，以保持基质湿润为宜。2次浇营养液之间若基质干燥可浇清水保持湿润。其他管理同常规育苗。

6. 起苗移植

无土育苗起苗、运苗便利。秧苗根量大，基质疏松，起苗伤根少，定植易成活。定植起苗前1日可停止浇水，使基质稍干便于抖落。起出的苗应立即浸沾营养液或清水，以防干根，尽早定植。

六、移栽

花类中药经过一段时间的育苗，当苗长到一定高度或一定大小时应及时移栽。

第二节 营养繁殖

高等植物的一部分器官脱离母体后能重新分化发育成一个完整植株的特性,称为植物的再生作用。营养繁殖就是利用植物营养器官的这种再生能力来繁殖新个体的一种繁殖方法。营养繁殖的后代来自同一植物的营养体,它的个体发育不是重新开始,而是母体发育的继续,因此,开花结实早,能保持母体的优良性状和特性。常用的营养繁殖方法主要有:

一、分离繁殖

将植物的营养器官分离培育成独立新个体的繁殖方法,称为分离繁殖。此法简便,成活率高。分离时期因药用植物种类和气候而异,一般在秋末或早春植株休眠期内进行。

二、压条繁殖

将茎或枝条压入土中,生根后与母株分离而成为新个体的繁殖方法,称为压条繁殖。这是营养繁殖中最简便的方法,凡用扦插、嫁接等不易成活的植物常用此法繁殖。

(一)普通压条法

将近地面枝条的适当部位进行环割,然后将割伤处弯曲压入土中生根,并加以固定,枝梢应露出地面,并用支柱扶直扎牢,生根后与母体分离另行栽植。

(二)空中压条法

在母株上选1～2年生枝条,在准备触土的部位刻伤或环割,将松软细土和苔藓混合湿润后裹上,外用尼龙薄膜包扎,下口捆紧,

上口稍松，或用从中部剖开的竹筒套住，其内填充细土，注意浇水，经常保持泥土湿润，待长出新根后，便与母株分离栽植。此法适用于植株高大，枝条不易弯曲触地的植物。（图 1-1）

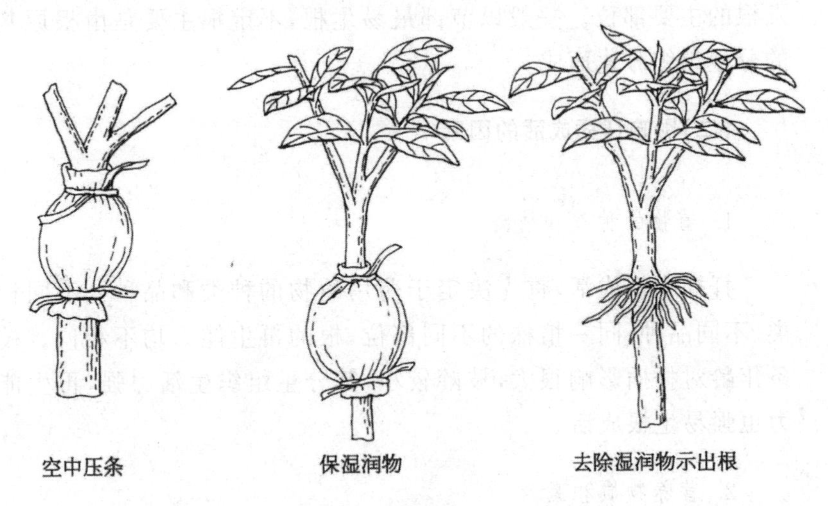

图 1-1　空中压条

(三)堆土压条法

在枝条基部先行环割，或先将枝条靠地面短截，使其萌生多数分枝，再在基部堆复泥土，长出新根后，在晚秋或早春分离移植。此法适用于根部萌蘖多，分枝较硬不易弯曲入土的药用植物。

三、扦插繁殖

剪取植物营养器官如根、茎、叶等的一部分插入土中，使之长成新植株的繁殖方法，称为扦插繁殖。此法经济简便，生产上广泛采用。

(一)扦插繁殖的原理

扦插繁殖是利用植物营养器官的分生和再生能力，能发生不

定根或不定芽，长成新植株。

插条入土后，首先在其基部切面伤口处产生一层薄壁细胞，以保护伤口防止病菌入侵和营养物质流失，并能发生不定根，但并非发根的主要部位。一般以节部最易生根，不定根主要是由根原基的分生组织分化而成。

（二）影响扦插成活的因素

1. 植物的种类和枝龄

扦插生根成活，首先决定于药用植物的种类和品种。不同种类、不同品种、同一植株的不同部位，根的再生能力均不相同。枝条年龄对扦插影响很大，枝龄较小，其分生组织生活力强，再生能力也强易生根成活。

2. 营养物质和激素

碳水化合物和含氮有机物是发根的重要营养物质。插条中的淀粉和可溶性糖类含量高时发根力强。含氮有机物和硼等对根原基的形成和分化有一定的作用。激素能加强插条中淀粉和脂肪水解，提高过氧化氢酶活性，促进新陈代谢，加强可溶性化合物向插条下部运行，加速形成层细胞分裂和愈伤组织的形成，以提高插条生根能力。

3. 环境条件

插条生根期间，应保持较大湿度，避免插条水分散失过多而枯萎。如水分不足，将影响插条的成活。土壤应保持充分湿润，土壤水分含量不能低于田间持水量的50％～60％，尤其在温度较高、光照较强的情况下，应每日或隔日浇水。各种植物插条生根对温度的要求常不相同。一般插条生根最适土温为15～20℃。苗床以选

择土质疏松、通气和保水状况良好的砂质壤土为宜。土壤通气良好，有利插条发根。

(三)促进插条生根的方法

1. 机械处理

对扦插不易成活的植物，可预先在生长期间选定枝条，采用环割、刻伤、缢伤等措施，使营养物质积累于伤口附近，然后剪取枝条扦插，可促进发根。

2. 化学药剂处理

有些植物在一般条件下扦插生根缓慢或困难，经化学药剂处理，可促进迅速生根。如中药植物插条下端用5%～10%蔗糖溶液浸渍24小时后扦插，效果显著。

3. 生长素处理

生产上通常用吲哚乙酸、萘乙酸、2,4-二氯苯氧乙酸、胡敏酸等处理插条，可显著缩短插条发根时间，甚至生根困难的植物也可诱导插条发根。在具体应用生长素时，应根据不同植物或同一植物的不同器官对液剂、粉剂、油剂的反应，先做药效试验，以便正确掌握浓度与处理时间，防止发生药害。

(四)扦插时期

因植物的种类、特性和气候而异。植物适应性较强，扦插时间要求不严，除严寒酷暑外，均可进行。

(五)扦插方法

根据扦插材料不同，扦插方法通常可分为根插法(如山楂、大

枣、大戟等)、叶插法(如落地生根、秋海棠等)和枝插法。枝插法根据枝条的成熟程度,又可分为硬枝扦插(如蔓荆、木槿、木瓜等)和嫩枝扦插(如菊花、藿香等)。生产上应用最多的是枝插法,方法如下:

植物选一、二年生枝条,植物用当年生幼枝或芽做插穗。扦插时选取枝条,剪成 10～20 cm 的小段,每段应有 2～3 个芽。上切面在芽的上方 1 cm 处,下切面在节的稍下方剪成斜面,常绿树的插条应剪去叶片或只留顶端 1～2 片半叶。将插条按一定株距斜倚沟壁,上端露出土面约为插条的 1/4 至 1/3,盖土按紧,使插条与土壤密接。插好一行应即浇水,再依次扦插,常绿树或嫩枝扦插应搭设荫棚或用芦箕等覆盖。扦插期间注意浇水,保持土壤湿润。

四、嫁接繁殖

将一株植物上的枝条或芽等组织接到另一株带有根系的植物上,使它们愈合生长在一起而成为一个统一的新个体,这种繁殖方法称为嫁接繁殖。嫁接用的枝条或芽叫接穗,带有根系的植物称砧木。嫁接能加速植物的生长发育,保持植物品种的优良性状,增强植物适应环境的能力,既生长快,又结果早。但药用植物的嫁接要特别注意有效成分的变化。

(一)嫁接成活原理

植物嫁接能够成活,主要靠砧木和接穗两者结合部分形成层的再生能力。嫁接后首先由形成层细胞进行分裂,进而分化出结合部的输导组织,使砧木和接穗的输导组织相沟通,保证水分和养分的输导,使两者结合在一起,成为一个新的植株。

(二)影响嫁接成活的因素

1. 亲和力

亲和力是指接穗和砧木嫁接后愈合生长的能力,它是影响嫁接成活的主要因素。两者亲和力高嫁接成活率也高,反之,则成活率低。亲和力高低与接稳和砧木的亲缘关系有直接关系,一般亲缘关系愈近,亲和力愈高。所以,嫁接时接穗和砧木的配置要选择近缘植物。

2. 生理状态

植物生长健壮,发育充实,体内贮藏的营养物质较高,嫁接容易成活。所以,要选择生长健壮、对当地环境条件适应性强、生长发育良好的砧木,接穗要从健壮母株的外围选取发育充实的枝条。砧木和接穗萌动早晚对成活也有影响,一般接穗以尚未萌动时,砧木已开始萌动为宜,否则接穗已萌发,抽枝发叶,砧木供应不上水分、养分,而影响嫁接成活。接穗的含水量也会影响形成层细胞的活动,如接穗的含水量过小,形成层细胞停止活动,甚至死亡。一般接穗含水量在50%左右最好。所以,接穗在运输和贮藏期间要避免过干,嫁接后也要注意保湿。

3. 嫁接技术

嫁接成活的主要关键是接穗和砧木两者形成层的紧密结合,所以,接穗的削面一定要平滑,这样才能使接穗和砧木紧密贴合。在嫁接时,一定要使接穗和砧木两者的形成层对准,有利两者的输导组织沟通、愈合。所以,正确而熟练地运用嫁接技术,对于提高嫁接成活率有着重要的作用。

(三)嫁接方法

常用的嫁接方法,主要有枝接和芽接两类。近年发展起来的种胚嫁接和注射胚乳嫁接,多用于禾本科植物。现将生产上常用的枝接法和芽接法简述如下:

1. 枝接法

枝接是用一定长短的一年生枝条为接穗进行嫁接。根据嫁接的形式又可分为劈接、切接、舌接、嵌合接、靠接等。劈接多在早春树木开始萌动而尚未发芽前进行。先选取砧木,以横径 2~3 cm 为宜,在离地面 2~3 cm 或平地面处,将砧木横切,选皮厚纹理顺的部位劈深 3 cm 左右,然后,取长 5~6 cm 带有 2~3 个芽的接穗,在其下方两侧削成一平滑的楔形斜面,轻轻插入砧木劈口,使接穗和砧木双方的形成层对准,立即用麻皮或尼龙薄膜扎紧。(图 1-2)

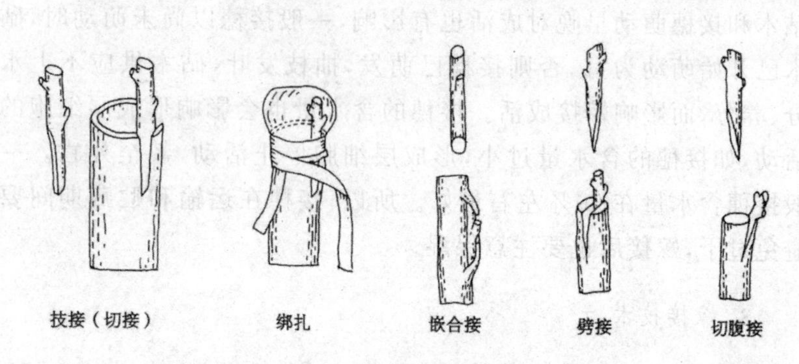

图 1-2　枝接

2. 芽接法

芽接是在接穗上削取一个芽片,嫁接在砧木上,成活后由接芽萌发形成植株。芽接法是应用最广泛的嫁接方法。利用接穗最经济,愈合容易,结合牢固,成活率高,操作简便易掌握,工作效率高,

可接的时期长。芽接法无论在南方北方均可进行，时间以夏秋为宜。根据接芽形状不同又可分为芽片接、哨接、管芽接和芽眼接等几种方法。目前应用最广的是芽片接。在夏末秋初（7～9月），选径粗0.5 cm以上的砧木，在适当部位选平滑少芽处，横切一刀，再从上往下纵切一刀，长约1.8 cm。切的深度要切穿皮层，不伤或微伤木质部，切面要求平直、光滑。接着，在接穗枝条上用芽接刀削取盾形稍带木质部的芽，由上而下将芽片插入砧木切口内，使芽片和砧木皮层紧贴，两者形成层对合，用麻皮或尼龙薄膜绑扎。芽接后7～10日，轻触芽下叶柄，如叶柄脱落，芽片皮色鲜绿，说明已经成活。叶柄脱落是因为砧木和接穗之间形成了愈伤组织而成活，其叶柄下产生了离层的缘故。反之，叶柄不落，芽片表皮呈褐色皱缩状，说明未接活，应重接。接芽成活后15～20日，应解除绑扎物，接芽萌发抽枝后，可在芽接处上方将砧木的枝条剪除。（图1-3）

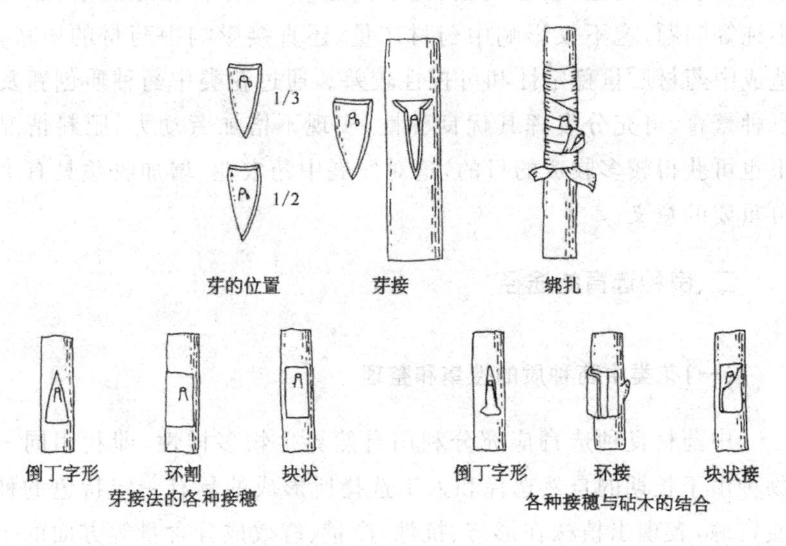

图1-3　芽接

第三节 良种选育

一、良种的含义和作用

花类中药栽培上所指的品种，是由那些适应于当地环境条件，在植物形态、生物学特性以及产品质量都比较一致、性状比较稳定的植株群体所组成。优良品种就是在一定地区范围内表现出有效成分含量高、品质好、产量高、抗逆性强、适应广、遗传稳定等优良特性的品种。

花类中药不是一般的农作物，良种选育具有比一般农作物更为复杂的育种程序。目前花类中药所应用品种多属地方品种、农家品种、地方类型、生态类型、化学类型等，且存在相互混杂、品种不纯等问题，这不仅影响中药材产量，还直接影响中药材的质量，造成中药材质量稳定性和可控性较差。通过花类中药种质创新及良种繁育，可充分发挥其优良种性，实现不增加劳动力、肥料情况下也可获得较多收成的目的，这对发展中药农业、增加收益具有十分重要的意义。

二、良种选育的途径

(一)花类中药种质的搜集和整理

中药材良种选育应充分利用自然界生物多样性，即利用同一物种由于长期的自然选择和人工选择所形成的具有一定特色的种质资源，表现出植株在形态、抗性、产量、有效成分含量等方面的个体差异。育种工作者应充分利用这一现象，通过一定的选育程序，形成符合育种目标的优良新品种。

种质资源依据来源可分为本地的、外地的、野生的和人工创造

的。人工创造的种质资源包括杂交、诱变所育成的新品种或中间材料。本地种质资源具有高度的适应性、类型多、群体复杂、变异大等特点，可用于适应性亲本杂交和直接选种。外地种质资源具有本地资源中所没有的遗传性状，如某些抗病性等，可用作杂交亲本，以获得丰富遗传变异。野生种质资源既可用作杂交亲本，以培育新品种、新类型或新材料，也可驯化成新作物。花类中药种质资源多属这一类。

良种选育工作首先应深入调查、广泛搜集种质资源，并对所搜集的种质资源进行鉴定与整理。搜集的方法有：考察搜集、通讯征集、市场购买、交换资源等，现多以实地考察为主，同时应充分利用现代信息交换的手段，以降低种质资源搜集成本。对搜集到的种质资源要及时整理归类、建立档案，并进行统一编号登记。

（二）花类中药种质保存

1. 种植保存

种植保存地的选择要根据各种花类中药的分布规律和原产地自然生态环境来确定，应尽可能与原产地相似，尽量降低因环境改变所造成的生长不适应性，以提高保存质量。在种植保存过程中还要尽量避免天然杂交和人为混杂，以保持花类中药种质的遗传特性和种群结构。一般隔年更新 1 次，也可 3～5 年更新 1 次。

2. 贮藏保存

对于数量众多的花类中药种质资源，如果长期进行种植保存，工作量非常大，并且由于人为差错、天然杂交、生态条件的改变等原因极易引起遗传变异和基因丢失。因此除了每隔若干年播种一次以恢复种质活力外，一般多采用贮藏保存，即种质库保存。种质资源库已成为一种有效保护种质资源的新手段，种质资源库分为

短期(2～5 年)、中期(10～30 年)、长期(30 年以上)保存。种质资源库利用现代化的技术装备,创造适合种质资源长期贮存的低温低湿环境,并尽可能提高自动化程度。

除了上述保存方法外,还可采用离体保存和基因文库技术来进行种质资源的保存。

(三)良种选育

1. 选择育种

同一物种在长期繁衍过程中,由于自然生态环境的变化和人类的干预,在群体内总会发生遗传变异,这些遗传变异经过长期的积累,使同一物种的个体间产生差异。若出现的变异符合育种目标就应加以利用。这种从现有品种中选择优异株系育成新品种的方法,称为选择育种。我国花类中药品种选育工作起步较晚,不论是野生还是栽培药材种内个体间差异均普遍存在,这为选择育种提供了较大的选择余地,因此选择育种是花类中药育种最简易、快速、有效的方法。常用的有个体选择法和混合选择法。

(1)个体选择法:根据育种目标从原始群体中选择优良的单株,分别留种、播种,经过鉴定比较,选择优良区系加速种子繁殖,育成新品种,这样只经过一次选择的称为一次个体选择法。如果在一次个体选择的后代中,性状还不一致,需要经过两次以上的选择,称为多次个体法。个体选择法简单易行,见效快,便于群选群育。

(2)混合选择法:一个品种经长期种植,在品种内会形成不同类型的遗传群体,选择表现优良而性状基本一致或某一性状相同的类型的单株,混合处理,以后各种一小区与原品种或对照品种进行比较,鉴定品种的利用价值。这样经过一次选择的称为一次混合选择法。如果一次选择后的材料还不一致,要经过两次以上的

选择，称为多次混合选择法。混合选择法操作简易，并能迅速从混杂群体中分离出优良的类型，为生产提供大量种子。

2. 杂交育种

同一物种不同生态类型、地理类型，地方品种的某些性状都会有一定的差异，生长在高纬度的要比低纬度的抗寒性强。杂交育种就是利用物种内个体间的差异，把生产上需要的性状综合到同一个品种中去。

杂交育种首先是亲本选择，选择的原则是，双亲必须具有较多的优点、较少的缺点，且优缺点要尽量达到互补，并且亲本之一最好是当地的优良品种。

其次是杂交方式的确定，有单交、复合杂交或回交等方式，实际工作中应根据育种目标和亲本的特点来确定采用何种杂交方式。

(1)简单杂交：即两个遗传性不同的品种进行杂交。如甲、乙两品种杂交，甲作母本，乙作父本，可写成甲×乙，一般常写成甲×乙。地黄北京1号就是由小黑英×大青叶而选育成的新品种。这种杂交方式可以综合双亲的优点，方法简便，收效快，应用广泛。

(2)复合杂交：是指两个以上品种的杂交，即甲×乙杂交获得杂种一代后，再与丙杂交。在杂交育种发展到较高阶段，为了达到对于新品种的多方面要求，常采用数个品种杂交，从而综合多数亲本的优良性状。

(3)回交：由杂交获得的杂种，再与亲本之一进行杂交，称为回交。用作回交的亲本类型称为轮回亲本。通常为了克服优良杂种的个别缺点，更好发挥它的经济效果时，采用回交是容易见效的。

杂种后代的处理是杂交育种的关键，目前较常用的方法有系谱法和混合法。当杂种稳定后，开展品种比较试验，从中选育出理想的新品种。

3. 人工诱变育种

诱变育种是采用物理和化学方法，对花类中药某一器官或整个植株进行处理，诱发遗传性产生变异，然后在变异个体中选择符合需要的植株进行培育，从而获得新品种。其特点是：提高变异频率，扩大变异范围，为选育新品种提供丰富的原始材料。常用的有物理诱变（辐射）育种和化学诱变育种。

（1）物理诱变（辐射）育种：利用放射性物质放射出 α、β、γ 射线，X 射线，以及中子流和无线电微波等处理植物的种子、营养器官和花粉，引起植物突变，从中选有生活力和有价值的突变类型，育成新品种的方法，称为物理诱变育种或辐射育种。

物理诱变育种要有明确的育种目标，材料一般选择二三个综合性状优良的品种或品系进行处理，分别改良其某一二个不足之处，或用性状尚未稳定的杂交后代进行处理，以克服它的个别缺点，使之臻于完善。品种选定后，一般选择无性繁殖器官或用种性纯、籽粒饱满的种子来处理，以利后代的正确鉴定和选择，提高处理效果。

在进行物理诱变育种时应注意辐射剂量与引变效果关系。不同植物类型，同一植物的不同器官，以及不同发育阶段和不同的生理状态，对射线等的敏感性有很大的差异。辐射敏感性还与处理的温度、氧气等环境因素有密切关系。一般来说，随着剂量的增加，变异频率也提高，但损伤效应也随之增大，若剂量超过一定限度，就会全部死亡。一般认为以稍低于半数致死剂量作为辐射剂量较为合适。

辐射处理可分为内照射和外照射。所谓内照射，是用 ^{35}P、^{35}S 等浸泡处理种子、块根、鳞茎等，或施于土壤中让植物根系吸收。所谓外照射，是利用各种类型的辐射装置照射育种材料，如种子、花粉等。目前以照射种子较为普遍，可分为干种子、湿种子和萌发

种子3种，一般以照射干种子较为方便。值得注意的是：种子的数量要适当，种子量过多，会给选育工作带来麻烦；过少，则成活植株少，变异机会少，不能有效地选择。处理的种子量，应根据辐射剂量的高低，处理材料对辐射敏感性、种子大小、繁殖系数、辐射后代的种植方法及育种单位的具体条件而定。

辐射处理后代的选择和培育是物理诱变育种的重要环节。辐射一代除极少数有显性遗传外，一般是形态变异，不能遗传。因此，对第一代常不选择，收获时按品种、不同剂量处理分别收获保存，供下代种植。辐射二代是分离最大的一个世代，是选择变异类型的重要世代，在整个生育期都必须认真细致地观察，选择理想的变异单株，加以培育。辐射三代及以后各代，应按系统详细观察，注意具有综合优良性状系统的选择，加速繁育。

(2)化学诱变育种：用化学诱变药剂处理种子或其他器官，引起遗传性变异，选择有益的变异类型，培育新品种的方法，称为化学诱变育种。常用的化学诱变剂有：甲基磺酸已酯(EMS)、乙烯亚胺(EI)、硫酸二乙酯(DES)、秋水仙碱等。秋水仙碱被广泛应用于染色体加倍，培育多倍体。诱变剂所用浓度和处理时间，随植物种类及药剂不同而异。

化学诱变剂处理只能使后代产生某些变异，还要经过几个世代的精心选育，才能从中选出优良的变异类型。在选育时要根据先宽后严的原则，抓住主要矛盾，分清主次，严格选择。选育方法与辐射育种基本相同。

4. 单倍体育种

利用单倍体植株加倍、选择、繁殖和培育等育成新品种的方法称为单倍体育种。例如，植物花粉的染色体数为体细胞的一半，因而是单倍体。以花粉经人工离体培养出来的植物一般都是单倍体植物。百合、颠茄等花类中药的花粉培养已成功地诱导出单倍体

植株,可再经染色体加倍,从中选择优良个体,培育成新品种。

单倍体育种的主要特点是:①可稳定杂种性状,缩短育种年限;②提高对杂种后代的选择效率,节省劳力和用地;③克服远缘杂种不育与杂种后代分离等所造成的困难;④快速培育异花授粉植物的自交系;⑤单倍体植株的人工诱变率高,育种成效大。

单倍体育种程序为:①诱导花粉细胞分裂增殖,长出愈伤组织;②诱导愈伤组织分化,长成小苗;③使分化出的小苗正常生长;④单倍体植株的培养和染色体加倍;⑤花粉植株后代的选育。花药培养的操作技术可参照植物组织培养。

5. 体细胞杂交育种

体细胞杂交就是把来自不同个体的体细胞,在人工控制条件下,如同两性细胞受精那样,人工完成全面的融合过程,继而把融合的细胞人工培养成一个杂种植株。运用这种方法综合植物的优良性状,创造新的突变,从中选育出理想的新品种或新类型,称为体细胞杂交育种。体细胞杂交是一个比较复杂的细胞生物学过程,要经过很多技术环节,并且要在无菌状态和一定环境条件下进行,主要有分离原生质体,诱导原生质体融合,诱导异核体再生新细胞壁、分裂和核融合,诱导细胞团分化成植株等环节。另外,由体细胞杂交产生的杂种是双二倍体,其可育性与遗传稳定性将比远缘有性杂交好得多。

三、良种繁育

育成的花类中药新品种,其种子量往往较少,而用种单位的需种量往往较大,供需矛盾在所难免,解决这一矛盾的有效办法则是加速良种繁育。良种繁育可保证优良品种的优良特性,在短期内扩大新品种群体,为生产提供源源不断的繁殖材料。一般的繁育程序为原种生产、原种繁殖和大田用种繁殖等。

(一)原种生产

原种是指育成品种的原始种子或由生产原种的单位生产出来的与该品种原有性状一致的种子。原种应符合新品种的三性要求,即一致性、稳定性和特异性,在田间生长整齐一致,纯度高。一般农作物品种纯度不小于99%,但由于花类中药种类繁多,不同花类中药的品种基础条件差异很大,因此很难定出统一的纯度标准。其次与目前生产上应用的品种相比,原种的生长势、抗逆性、产量和品质等应有一定提高。原种是新品种繁育的种子来源,因此原种生产应该有严格的程序,在确保其纯度、典型性、生活力等同时,快速繁育种子,扩大种群,为生产提供优质良种。

(二)原种繁殖

原原种经一代繁育获得原种,原种繁育一次获得原种一代,繁育二次获得原种二代。在原种繁育时要设置隔离区,以防止混杂,确保品种纯度,特别是异花授粉的常异花授粉花类中药,一定要有防止生物学混杂的设施,否则会因为品种间传粉而降低原种纯度。

(三)大田用种繁殖

大田用种繁殖是指在种子田将原种进一步扩大繁殖,为生产提供批量优质种子,由于种子田生产大田用种要进行多年繁殖,因此每年都要留一部分优良植株的种子供下一年种子田用种,这样种子田就不需要每年都用原种。常用的方法有一级种子田良种繁殖法和二级种子田良种繁殖法。一级种子田良种繁殖法是指种子田生产的优质种子用于下一季的种子田种植,而种子田生产的大部分种子经去杂去劣后就直接用于大田生产。二级种子田良种繁殖法是指种子田生产的优质种子用于下一季的种子田种植,种子田生产的大部分种子经去杂去劣,在二级种子田中繁殖一代再经去杂去劣后种植到大田,一般在种子数量还不够时采用二级种子田良种繁殖法,但用此法生产的种子质量相对较差。

(四)良种繁育制度

1. 品种审定制度

为了引导药材新品种的生产、经营和使用,保障药材生产安全,科学界定和积极推广优良新品种,维护育种者、经营者、使用者的合法权益,必须建立健全的品种审定制度。单位或个人育成或引进某一新品种后,必须经一定的权威机构组织的品种审定委员会的审定,根据品种区域试验、生产试验结果,确定该品种能否推广和适宜推广的区域。

2. 良种繁育制度

建立良种繁育制度是确保良种繁育顺利开展的前提,要明确良种繁育单位,建立适合该种药材生长的种子圃。还要根据新品种的繁殖系数和需求量,合理制订生产计划和方案。设立原原种种子田和原种种子田。种子田要与大田生产分开,并由专业人员负责,同时要建立种子生产技术档案,加强田间管理,加强选择工作,以确保种子质量。

3. 种子检验和检疫制度

药材新品种种子生产出来后,应加强种子质量检验,从而保证种子质量。对于从外地引进、调进的种子或调出的种子必须进行植物检疫,以防止因新品种的推广应用造成的植物病虫害的传播。

(五)良种扩繁技术

1. 育苗移栽法

选择排灌方便、不积水、有机质含量高且疏松的壤土作为育苗地，尽量稀播，播种后要精心管理。尤其是小粒种子，一般不宜直播，力争一粒一苗。

2. 稀播稀植法

稀播稀植不仅可以扩大植物营养面积，使植株生长健壮，而且可以提高繁殖系数，获得高质量种子。

3. 利用植物繁殖特性

对既可有性生殖又可无性繁殖的花类中药，可充分利用它的所有繁殖潜力。除了扦插和分蘖移栽外，有的花类中药还可利用育芽扦插，同时把珠芽、气生鳞茎等充分利用起来。

4. 组织培养法

运用组织培养技术进行无性快繁是一条提高繁殖系数的有效途径。

5. 加代法

对于生长期较短、日照要求又不太严格的花类中药，可利用我国幅员辽阔、地势复杂及气候多样等有利条件，进行异地或异季加代，一年可繁育多代，从而达到加速繁殖种子的目的。

四、良种推广

(一)区域性试验

1. 区域性试验的主要任务

鉴定新品种的主要特征、特性,在较大的范围内对新品种的丰产性、稳定性、适应性和品质等性状进行系统鉴定,为新品种的推广应用区域划定提供科学依据。同时要在各农业区域相对不同的自然、栽培条件下进行栽培技术试验,了解新品种的适宜栽培技术,使良种有与之相适应的良法。

2. 区域性试验的方法

区域性试验应根据该种花类中药的分布、自然区划和品种特点分区进行,以便更好地实现品种布局的区域化。要按照自然条件和当地的栽培制度,划分几个农业区,然后在各区域内设置若干个试验点开展试验研究。每个试验点按一般的品种比较试验设置小区试验和重复,同时加强田间管理,以提高试验的精确性。

(二)生产示范试验

生产示范试验是在较大面积的条件下,对新品种进行试验鉴定,试验地面积应相对较大,试验条件与大田生产条件基本一致,土壤地力均匀。设置品种对照试验,并要有适当的重复。生产示范试验可以起到试验、示范和种子繁殖的作用。

(三)栽培试验

栽培试验一般是在生产示范试验的同时,或在新品种决定推广应用以后,就几项关键的技术措施进行试验。目的在于进一步

了解适合新品种特点的栽培技术，为大田生产制定栽培技术措施提供科学依据，做到良种良法一起推广。

（四）良种推广

经审定合格的新品种，划定推广应用区域，编写品种标准。新品种只能在适宜推广应用区域内推广，不得越区推广。

五、良种复壮

（一）品种混杂退化原因

优良品种在生产过程中，若不严格按照良种繁育制度进行繁育和生产，经过几年的推广应用，往往会发生混入同种植物的其他品种种子，使其逐渐丧失原有的优良品种特性，这就是品种混杂退化现象。品种混杂退化后，不仅丧失了优良品种的特性特征，同时往往造成产量降低、品质下降。品种混杂退化的根本原因是缺乏完善的良种繁育制度，没有采取防止混杂退化的有效措施，对已发生的混杂退化的品种不进行去杂去劣，或没有进行正确的选择和合理的栽培等。主要原因如下。

1. 机械混杂

在生产操作过程（如种子翻晒、浸种、播种、补苗、收获、运输、贮藏等）中，由于不严格遵守操作规程，人为地造成其他品种种子种苗混入。机械混杂后，不同品种相互混杂，进一步会造成生物学混杂。

2. 生物学混杂

花类中药在开花期间，由于不同品种间发生杂交所造成的混杂称为生物学混杂。自然杂交是异花授粉植物品种混杂的重要原

因,其自然杂交率一般有5%左右。自花授粉植物,自然杂交率虽然一般在1%以下,但也有发生自然杂交而造成混杂退化的情况。生物学混杂使品种个体间产生差异,严重时会造成田间个体间生长参差不齐。

3. 自然突变

在自然条件下,各种植物都会发生自然突变,包括选择性细胞突变和体细胞突变。自然突变中多数是不利的,从而造成品种退化。

4. 长期的无性繁殖

一些花类中药长期采用无性繁殖,以上一代营养体为下一代的繁殖材料,植株得不到复壮的机会,致使品种生活力下降。

5. 留种不科学

一些生产单位在留种时,由于不了解选择目标和不掌握被选择品种的特性特征,致使选择目标偏离原有品种的特性特征,当然就不可能严格地去杂去劣。遇到行情好的年份,就将大的好的加工成商品出售,剩下小的次的作种,这也会造成品种退化。

6. 病毒感染

一些无性繁殖花类中药,常会受到病毒的侵染,如果留种时不进行严格选择,将带有病毒的材料进行种植,也会引起品种退化。

7. 环境因素和栽培技术

优良品种都有一定的区域适应性,并要在特定的栽培管理条件下才能正常生产发育,因此不适当的栽培技术和不合适的生长环境都会引起品种退化。

(二)品种提纯复壮方法

任何优良品种都应经常去杂保纯,及时采取措施防止品种退化。应根据品种混杂退化的原因,采取相应的措施。

1. 选优更新

选优更新是指对推广已久或刚开始推广的品种,进行去劣选优。“种子年年选,产量节节高”,就反映了这一道理。选优更新是防止和克服生产上良种的混杂退化,提高良种种性,延长良种使用年限,充分发挥育种增产潜力,达到持续高产稳产的有效措施。具体方法有以下几种。①单株选择法:单株选择法是指根据优良品种的特征、特性进行株选。在优良品种接近成熟时,在留种田中选择生长旺盛、抗逆性强、产量性状好的典型优良单株作种。按照生产上对种子的需求量安排选择数量。为提高选择效果,还可将选得的材料在室内复选一次,将不符合品种特性的剔除后混合脱粒,作为下一年度种子田的用种。②穗行提纯复壮法:植株接近成熟时,在种子田或大田里选择植株生长旺盛、抗逆性强、产量性状好的单株几百株或更多,再经室内复选一次,剔除不符合典型特征的单穗。将入选单株穗分穗脱粒后分别贮藏。将上年入选的单穗种子严格精选处理后进行种植。在生长关键环节进行选择,选定具有本品种典型特征或典型性状、生长整齐和成熟一致的单株穗。将当选的单穗进行编号,在下年种成穗系圃。经第二年比较试验后,将当选穗系收获后进行混合脱粒,供种子田或繁殖田用种。③片选法:此法适用于品种纯度较高和新推广应用的优良新品种提纯复壮。在种子田或品种纯度高、隔离条件好、生长旺盛一致的田块里,进行多次去杂去劣。一般在苗期、旺长期和生长后期进行3次除杂。待种子成熟后,将除杂过的所有种子混收,供种子田或繁殖田用种。

2. 严防混杂

良种在选育过程中,必须做好防杂保纯工作,防止品种机械混杂和生物学混杂。严格把好种子处理、播种、收获等关口,以防机械混杂。对于异花授粉植物,在繁殖过程中特别要做好隔离工作,一般采用空间隔离和时间隔离两种方法,防止品种间串花杂交。

3. 改变繁殖方法

这是无性繁殖的花类中药在栽培上采用的复壮措施。如怀山药用芽头繁殖 3 年以后,改用零余子或种子来培育小块根作种。

4. 改变生育条件和栽培条件

任何品种长期种植在同一地区,它的生长发育会受当地不利因素的影响,优良特性就会逐渐消失。因此,改变种植地区,改善土壤条件,以及适当改变或调整播种期和耕作制度等都可以提高种性。

第二章　花类中药材栽培的田间管理

花类中药在播种到收获的整个栽培过程中，在田间所采用的一系列管理措施称为田间管理。田间管理是获得优质高产的重要措施。俗话说三分种，七分管，十分收成才保险。”不同种类的花类中药，其药用部位、生态特性和收获期限等均不相同。必须根据各自的生长发育特点，分别采取特殊的管理方法，以满足中药材对环境条件的功能要求，达到优质高产的目的。田间管理既要充分满足花类中药生长发育对阳光、温度、水分、养分和空气的要求，又要综合利用各种有利因素，克服不利因素，及时调节、控制植株的生长发育，使植物生长发育朝着人类需求的方向发展。

第一节　常规田间管理措施

一、间苗、定苗及补苗

(一)间苗与定苗

根据花类中药最适密度要求而拔除多余幼苗的技术措施称为间苗。花类中药多数是采用种子繁殖的，为了防止缺苗和选留壮苗，其播种量往往大于所需苗数，故需适当拔除一部分过密、瘦弱和有病虫的幼苗。间苗的原则一是根据各种花类中药密度的要求有计划选留壮苗，保证有足够的株数；二是根据不同苗期的生长情况适时间苗。间苗的时间一般宜早不宜迟，过迟，幼苗生长过密会

引起光照和养分不足,通风不良,造成植株细弱,易遭病虫害。此外,幼苗生长过大,根系深扎土层,间苗困难,并易伤害附近植株。间苗的次数可视花类中药的种类而定。一般情况下,大粒种子的种类,间苗1～2次,小粒种子的种类,间苗2～3次。进行点播的如牛膝等每穴先留壮苗2～3株,待苗稍长大后再进行第二次间苗。最后一次间苗称为定苗。定苗后必须及时加强苗期管理,才能达到苗齐、苗全和苗壮的目的。

(二)补苗

为保证苗齐、苗全,维护最佳种植密度,必须及时对缺株进行补苗或补种。大田补苗是和间苗同时进行的,即从间出的苗中选择生长健壮的幼苗进行补栽。为了保证补栽苗成活,最好选阴天进行,所用苗株应带土,栽后浇足定根水。如间出的苗不够补栽时,则需用种子补播。

二、中耕、除草和培土

中耕即松土,是花类中药生长发育期间人们对其生长的土壤进行浅层的耕作。中耕能疏松土壤,减少地表蒸发,改善土壤的透水性及通气性,加强保墒,早春可提高地温;在中耕时还可结合除蘖或切断一些浅根来控制植物生长。除草是为了消灭杂草,减少水肥消耗,保持田间清洁,防止病虫的滋生和蔓延。除草一般与中耕、间苗、培土等结合进行。

三、灌溉与排水

植物生长所需的水分是通过根系从土壤中吸收的,当土壤中水分不足时植物就会发生枯萎,轻则影响正常生长而造成减产,重则会导致植株死亡;若水分过量,则会引起植物茎叶徒长,延长成熟期,严重时使根系窒息而死亡。因此,在花类中药栽培过程中,

要根据植物对水分的需要和土壤中水分的状况，做好灌溉与排水工作。

（一）灌溉

1. 灌溉的原则

应根据植物的需水特性、不同的生长发育时期和当时当地的气候、土壤条件进行适时的合理灌溉。

（1）耐旱植物一般不需灌溉，若遇久旱时可适当少灌，如甘草、麻黄等；喜湿植物若遇干旱应及时灌溉。

（2）苗期根系分布浅，抗旱能力差，宜多次少灌，控制用水量，促进根系发展，以利培育壮苗；植株封行后到旺盛生长阶段，根系深入土层需水量大，而此时正值酷暑高温天气，植株蒸腾和土壤蒸发量大，可采用少次多量，一次灌透的方法来满足植株的需水量；植物在花期对水分要求较严格，水分过多常引起落花，水分过少则影响授粉和受精作用，故应适量灌水；果期在不造成落果的情况下土壤可适当偏湿一些，接近成熟期应停止灌水。

（3）炎热和少雨干旱季节应多灌水，多雨湿润季节则少灌或不灌水。

（4）砂土吸水快但保水力差，黏重土吸水慢而保水力强。团粒结构的土壤吸水性和保水性好，无团粒结构的土壤吸水性和保水性差。故应根据土壤结构和质地的不同，掌握好灌水量、灌水次数和灌水时间。

2. 灌溉时间

灌溉时间应根据植物生长发育情况和气候条件而定，要注意植物生理指标的变化，适时灌水。灌水间隔的时间不能太长，特别是在经常灌溉的情况下，植物的叶面积不断扩大，体内的新陈代谢

已适应水分的环境条件，这时如果灌溉的间隔时间太长，植物就会缺水，造成对植物更为不利的环境条件，受害的程度会比不灌溉还严重。

灌溉应在早晨或傍晚进行，这不仅可以减少水分蒸发，而且不会因土壤温度发生急剧变化而影响植株生长。

3. 灌溉量

为了正确地决定灌溉量，必须掌握田间土壤持水量、灌溉前最适的土壤水分下限、湿土层的厚度等情况。灌水量可按下列公式计算：

$$m=100H(A-\mu)$$

式中：m 表示灌水量；H 表示土壤活动层的厚度(m)；A 表示土壤活动层的最大持水量表示灌水前土壤的含水量。

4. 灌水质量

灌溉水质量应符合国家关于农田灌溉水质二级标准(GB508492)。灌溉水不能太凉，否则会影响根的代谢活动，降低吸水速度，妨碍根系发育。如果灌溉水确系凉水，则在灌溉前应另设贮水池或引水迂回，使水温升高后再进行灌溉。

5. 灌溉方法

主要有如下几种：

(1)沟灌法：即在育苗或种植地上开沟，将水直接引入行间、畦间或垄间，灌慨水经沟底和沟壁渗入土中，浸湿土壤。沟灌法适用于条撒或行距较宽的花类中药，可利用畦沟作灌溉沟，不必另行开沟。沟灌法的优点是：土壤湿润均匀，水分蒸发量和流失量较小；不破坏土壤结构，土壤通气良好，有利于土壤中微生物的活动；便于操作，不需要特殊设施。是目前最为常用的方法。

(2)浇灌法：又称穴灌法。将水直接灌入植物穴中，称浇灌法。灌水量以湿润植株根系周围的土壤即可。在水源缺乏或不利引水灌溉的地方，常采用此法。

(3)喷灌法：即利用喷灌设备将灌溉水喷到空中成为细小水滴再落到地面上的灌溉方法。因此法类似人工降雨，故被世界各国农业生产广泛采用，与地面灌水相比，其具有以下优点。①节约用水。因喷灌不产生水的浮层渗透和地表径流，故可节约用水。与地面灌溉相比，一般可节约用水20%以上，对砂质土壤而言，可节约用水60%～70%。②降低对土壤结构的破坏程度，保持原有土壤的疏松状态。③可调节灌区的小气候，减免低温、高温、干旱风的危害。④节省劳力，工作效率高。⑤对土地平整状况要求不高，地形复杂的山地亦可采用。缺点是需要有相应的设备，投资大。

(4)滴灌法：利用埋在地下或地表的小径塑料管道，将水以水滴或细小水缓慢地灌于植物根部的方法，称为滴灌法。此法是把水直接引到植物根部，水分分布均匀，土壤通气良好，深层根系发达。与喷灌法比较，能节水20%～50%，并可提高产量，是目前最为先进的灌溉方法，值得推广应用。

(二)排水

在地下水位高、土壤潮湿，以及雨量集中，田间有积水时，应及时进行排水，以防植株烂根。排水的方法主要有明沟排水和暗沟排水两种。

1. 明沟排水

在地表直接开沟进行排水的方法称明沟排水。明沟排水由总排水沟、主干沟和支沟组成。此法的优点是简单易行，是目前最广泛采用的方法。但此法排水沟占地多，沟壁易倒塌造成淤塞和滋生杂草，致使排水不畅，且排水沟纵横于田间，不利于机械化操作。

2. 暗沟排水

在田间挖暗沟或在土中埋入管道,将田间多余水分由暗沟或管道中排除的方法,称暗沟排水。此法不占土地,便于机械化耕作,但需费较多的劳力和器材。

第二节　植株调整

植株调整是利用植物生长相关性的原理,对植株进行摘蕾、打顶、修剪、整枝等,以调节或控制植物的生长发育,使其有利于药用器官的形成。通过对植株进行修整,使植物体各器官布局更趋合理,充分利用光能,使光合产物充分输送到药用部位,从而达到优质高产的目的。

一、花类中药的植株调整

(一)摘蕾与打顶

1. 摘蕾

即摘除植物的花蕾。除留种地块和药用部位为花、果实和种子的植株外,其他药用植株在栽培过程中,一见花蕾就应及时摘除。因为花类中药开花结果会消耗大量的养分。为了减少养分的消耗,对于根及根茎、块茎等地下器官入药的植物,常将其花蕾摘掉,以提高药材的品质与产量。摘蕾的时间一般宜早不宜迟。

2. 打顶

打顶即摘除植株的顶芽。打顶的目的主要是破坏植物的顶端优势,抑制地上部分的生长,促进地下部分的生长,或者抑制主茎

生长,促进分枝。

摘蕾与打顶都要注意保护植株,不能损伤茎叶,牵动根部。并应选晴天进行,不宜在雨露时进行,以免引起伤口腐烂,感染病害,影响植株生长发育。

(二)修剪

修剪包括修枝和修根。修根只在少数以根入药的植物中采用。修根的目的主要是保证其主根生长肥大,以提高产量。

二、花类中药的植株调整

花类中药在栽培过程中如果任其自然生长,则植物体各器官生长不均衡,有些花类中药枝叶繁茂,冠内枝条密生,紊乱而郁蔽。这样,不仅影响通风透光,降低光合作用效率,导致病虫为害,有时会造成生长和结果不平衡,大小年结果现象严重,且还会降低花、果实和种子的产量和品质。因此,花类中药(尤其是以花、果实、种子入药的)在栽培过程中,必须进行植株调整。调整的方式主要有整形与修剪。

(一)整形

整形是通过修剪控制幼树生长,合理配置和培养骨干枝,以便形成良好的树体结构,也称为整枝。正确的整形不仅能使植物各级枝条分布合理,提高通风透光效果,减少病虫害,形成丰产树形,而且成型早,骨干牢固,便于管理。丰产树形的要求是:树冠矮小,分枝角度开张,骨干枝少,结果枝多,内密外稀,波浪分布,叶幕厚度与间距适宜。常见的丰产树形有以下几种:

1. 主干疏层形

这种树形有明显的中央主干,干高 1 m,在主干上有 6 个主枝,

分3层着生。第一层主枝3个,第二层主枝2个,第三层主枝1个。第一、第二层间距1.1 m左右,第二、第三层间层0.9 m左右,全树高3.5 m左右。由于树冠成层形,树枝数目不多,树膛内通风透光好,能充分利用空间开花结果,故能丰产。

2. 丛状形

定干50 cm,不留中央主干,只有4～5个主枝,主枝呈明显的水平层次分布,全树高2 m左右。这种树形树冠扩展,内膛通风透光好,能优质高产。

3. 自然开心形

没有中央主干,只有3个错开斜生的主枝,树冠矮小,高2 m左右。这种树形由于树冠比较开张,树膛内通风透光较上述两种树形为好,有利于内膛结果,增加结果部位。实践证明,这种树形比上述两种树形的单株产量一般高1～2倍。

(二)修剪

修剪是整形的具体措施,通过各种修剪技术和方法对枝条进行剪除或整理,促使植株形成丰产树形和朝着有利方向生长,提高产量和质量。

1. 修剪方法及作用

花类中药修剪方法包括短截、缩剪、疏剪、长放、曲枝、刻伤、除萌、疏梢、摘心、剪梢、扭梢、拿枝、环剥等。

(1)短截:亦称短剪。即剪去一年生枝梢的一部分。其作用有:增加分枝,缩短枝轴,使留下部分靠近根系,缩短养分运输距离,有利于促进生长和更新复壮。短截可分为轻、中、重和极重短截,轻至剪除顶芽,重至基部留1～2个侧芽。短截反应特点是对剪

口下的芽有刺激作用,以剪口下第一芽受刺激作用最大,新梢生长势最强,离剪口越远受影响越小;短截越重,局部刺激作用越强,萌发中长梢比例增加,短梢比例减少;极重短截时,有时发1～2个旺梢,也有的只发生中、短梢。

(2)缩剪:亦称回缩。即在多年生枝上短截。缩剪对剪口后部的枝条生长和潜伏芽的萌发有促进作用,对母枝则起到较强的削弱作用。其具体反应与缩剪程度、留枝强弱、伤口大小有关。如缩剪留强枝,伤口较小,缩剪适度,可促进剪口后部枝芽生长;过重则可抑制生长。缩剪的促进作用,常用于骨干枝、枝组或老树复壮更新上;削弱作用常用于骨干枝之间调节均衡、控制或削弱辅养枝上。

(3)疏剪:亦称疏删。即将枝梢从基部疏除。疏剪可减少分枝,使树冠内光线增强,利于组织分化而不利于枝条伸长,为减少分枝和促进结果多用疏剪。疏剪对母枝有较强的削弱作用,常用于调节骨干枝之间的均衡,强的多疏,弱的少疏或不疏剪。但如疏除的为花芽、结果枝或无效枝,反而可以加强整体和母枝的势力。疏剪在母枝上形成伤口,影响水分和营养物质的运输,可利用疏剪控制上部枝梢旺长,增强下部枝梢生长。

(4)长放:亦称甩放。即一年生长枝不剪。中庸枝、斜生枝和水平枝长放,由于留芽数量多,易发生较多中短枝,生长后期积累较多养分,能促进花芽形成和结果。背上强壮直立枝长放,顶端优势强,母枝增粗快,易发生"树上长树"现象,故不宜长放。

(5)曲枝:即改变枝梢方向。曲枝是加大与地面垂直线的夹角,直至水平、下垂或向下弯曲,也包括向左右改变方向或弯曲。加大分枝角度和向下弯曲,可削弱顶端优势或使其下移,有利于近基枝更新复壮和使所抽新梢均匀,防止基部光秃。开张骨干枝角度,可以扩大树冠,改善光照,充分利用空间。曲枝有缓和生长、促进生殖的作用。

(6)刻伤和多道环刻:在芽、枝的上方或下方用刀横切皮层达木质部,叫刻伤。春季发芽前后在芽、枝上方刻伤,可阻碍顶端生长素向下运输,能促进切口下的芽、枝萌发和生长。多道环刻,亦称多道环切或环割。即在枝条上每隔一定距离,用刀或剪环切一周,深至木质部,能显著提高萌芽率。

(7)除萌和疏梢:抹除萌发芽或剪去嫩芽称为除萌或抹芽;疏除过密新梢称为疏梢。其作用是选优去劣,除密留稀,节约养分,改善光照,提高留用枝梢质量。

(8)摘心和剪梢:摘心是摘除幼嫩的梢尖,剪梢包括部分成叶在内。摘心与剪梢可削弱顶端生长,促进侧芽萌发和二次枝生长,增加分枝数;促进花芽形成,有利提早结果;提高坐果率。秋季对将要停长的新梢摘心,可促进枝芽充实,有利越冬。摘心和剪梢必须在急需养分调整的关键时期进行。

(9)扭梢:即在新梢基部处于半木质化时,从新梢基部扭转180°,使木质部和韧皮部受伤而不折断,新梢呈扭曲状态。扭梢有促进花芽形成的作用。

(10)拿枝:亦称捋枝。即在新梢生长期用手从基部到顶部逐步使其弯曲,伤及木质部,响而不折。拿枝可使旺梢停长和减弱秋梢生长势,形成较多副梢,有利形成花芽。秋梢开始生长时拿枝,可形成少量副梢和腋花芽。秋梢停长后拿枝,能显著提高次年萌芽率。

(11)环状剥皮:简称环剥。即将枝干韧皮部剥去一圈。环剥暂时中断了有机物质向下运输,促进地上部分糖类的积累,生长素、赤霉素含量下降,乙烯、脱落酸、细胞分裂素增多,同时也阻碍有机物质向上运输。环剥后必然抑制根系生长,降低根系吸收功能,同时环剥切口附近的导管中产生伤害充塞体,阻碍了矿质营养元素和水分向上运输。因此,环剥具有抑制营养生长、促进花芽分化和提高坐果率的作用。

2. 修剪时期

花类中药一年中的修剪时期，可分为休眠期修剪（冬季修剪）和生长期修剪（夏季修剪）。生长期修剪可细分为春季修剪、夏季修剪和秋季修剪。

(1)休眠期修剪（冬季修剪）：指落叶树木从秋冬落叶至春季芽萌发前，或常绿植物从晚秋梢停长至春梢萌发前进行的修剪。休眠期树体内贮藏养分较充足，修剪后枝芽减少，有利于集中利用贮藏养分。落叶树枝梢内营养物质的运转，一般在进入休眠期前即开始向下运入茎干和根部，至开春时再由根茎运向枝梢。因此，落叶树木冬季修剪时期以在落叶以后、春季树液流动以前为宜。常绿树木叶片中的养分含量较高，因此，常绿树木的修剪宜在春梢抽生前、老叶最多并将脱落时进行。

(2)生长期修剪（夏季修剪）：指春季萌芽后至落叶树木秋冬落叶前或常绿树木晚秋梢停长前进行的修剪。由于主要修剪时间在夏季，故常称为夏季修剪。

1)春季修剪：主要包括花前复剪、除萌抹芽和延迟修剪。花前复剪是在露蕾时，通过修剪调节花量，补充冬季修剪的不足。除萌抹芽是在芽萌动后，除去枝干的萌蘖和过多的萌芽。延迟修剪，亦称晚剪。即休眠期不修剪，待春季萌芽后再修剪。延迟修剪能提高萌芽率和削弱树势。此法多用于生长过旺、萌芽率低、成枝少的种类。

2)夏季修剪：指新梢旺盛生长期进行的修剪。此阶段树体各器官处于明显的动态变化之中，根据目的及时采用某种修剪方法，才能收到较好的调控效果。夏季修剪对树木生长抑制作用较大，因此修剪量要从轻。

3)秋季修剪：指秋季新梢将要停长至落叶前进行的修剪。以剪除过密大枝为主。由于带叶修剪，养分损失比较大，次年春季剪

口反应比冬剪弱。因此,秋季修剪具有刺激作用小,能改善光照条件和提高内膛枝芽质量的作用。

第三节　花类中药的合理施肥

实施 GAP,进行绿色中药材栽培,除合理选地、优种育苗、科学栽培、病虫害防治等关键技术外,合理施肥也是一个重要环节。近年来,人们越来越注意到合理施肥的重要性。合理施肥既要遵循施肥理论,又要讲究科学的施肥技术。

一、肥料种类及其性质

肥料是植物的粮食,也是培肥土壤、改善植物营养环境的重要物质基础。不同的植物在不同的土壤上生长,所需肥料的种类不同。所以,了解常肥料的知识,并掌握其特点,是科学施肥的关键之一。肥料种类繁多,来源、性质、成分和肥效各不相同。根据肥料的特性及成分可将肥料分为无机肥料、有机肥料、微量元素肥、微生物肥料四大种类。

(一)无机肥料

通过化学合成或通过矿物加工而成的以无机化合物形式存在的肥料,称为无机肥料,又称化学肥料,简称化肥。按所含养分种类,化肥分为氮肥、磷肥、钾肥、钙镁硫肥和微量元素肥料等。此外,含有两种或两种以上营养元素的化肥称为复合肥。

常用的氮肥有尿素、碳酸氢氨、硝酸铵等。由于硝态氮对人体有害,GAP 规定禁止使用硝酸铵和硝酸钠。常用的磷肥有过磷酸钙、钙镁磷肥、磷矿粉等。常用的钾肥有氯化钾、硫酸钾等。除了氮、磷、钾肥料外,生产上施用较多的还有钙、镁、硫肥,常用的有钙镁磷、硫酸镁、硫酸铵、硫酸钾等。常用的微量元素肥料有硫酸锌、

硫酸亚铁、硫酸锰、硼砂、钼酸铵等。这类肥料在使用时应根据土壤肥力状况、植株的需求、生产目的来选择适宜的肥料、浓度及施肥方式。常用的复合肥有硝酸钾、磷酸二铵、磷酸一铵、磷酸二氢钾等。化肥的养分含量高，肥效快，使用方便。但长期单独施用会使土壤板结，还可能带入重金属。另外，过多施用化肥，易造成植物生长过快，影响有效成分含量，这在花类中药的栽培中需要给予足够的重视。

(二)有机肥料

有机肥是完全肥料，它含有植物生长所需的各种营养元素。有机肥料种类很多，包括人粪尿、家畜禽粪、厩肥、堆肥、沤肥、饼肥、沼气池肥、泥炭、腐殖酸肥料、绿肥等。这些物质需经过发酵腐熟后才能作为有机肥料施用，特别是人畜粪尿可能带有能够感染人体的病原菌和寄生虫卵，必须腐熟后施用。它含有植物所需的多种养分，是一种完全肥料，但需要经过土壤微生物的分解作用，才能为植物所利用。有机肥来源广、成本低、肥效持久，对改善土壤结构和提高作物品质都具有良好的促进作用。有机肥料具有以下共性：

(1)有机肥料不但含有作物所必需的大量元素和微量元素，而且还含有丰富的有机质，形成土壤腐殖质，它是土壤肥力的重要物质基础。

(2)有机肥料中的养分多呈有机态，须经微生物的矿化作用才能被作物吸收利用，因此，肥效稳而长，是一种迟效性肥料。农家肥在土壤中分解释放养分的同时，还会产生一些有机摩，促进土壤中难溶性无机盐类的转化，使之成为易被植物吸收的养分，提高土壤中原有养分的有效性，发挥土壤中潜在肥力的作用。

(3)有机肥料含有大量的有机质和腐殖质，对改土培肥有重要作用。腐殖质是土壤有机质的主体，占土壤有机质总量的 50％～

65%。腐殖质可促进土壤中团粒结构的形成，改善土壤的物理性状，协调土壤水、气比例，提高土壤保肥供肥能力，改善土壤热状况，提高土壤的缓冲性能，使土壤肥力水平有所提高。

(4)有机肥料含有大量的微生物和微生物分泌的生理活性物质。农家肥施入土壤后还可增强土壤微生物的活性，从而加速土壤中有机物质的分解与养分释放。同时微生物本身在其生命活动的过程中，还可分泌各种物质，如有机酸、酶、生长素及抗生素等，也会促进植物生长发育。同时有机肥料彻底分解所产生的二氧化碳，可促进植物的光合作用。

由于农家肥中所含的养分大多为有机态的物质，所以其肥效慢，但肥效持久而稳定。为了满足植物在各个生长阶段都能得到充分的养分供应，可以有机肥料与化肥配合使用，使二者缓急相济，取长补短，充分发挥肥料的利用率。

中药材 GAP 中对花类中药生产中施肥准则规定，施用肥料的种类以有机肥为主，允许施用经充分腐熟达到无害化卫生标准的农家肥。

(三)微量元素肥料

微量元素肥料主要是一些含硼、锌、钼、锰、铁、铜、镍、氯的无机盐化合物。中国目前常用的有20余个品种。微量元素肥料施入土壤后易被土壤吸附固定而降低肥效。国内外已研制出有机螯合态的微量元素肥料，其效果好，但费用较高。

原则上微量元素肥料的施用取决于作物需要量、土壤中微量元素的供给状和施用技术。一般只在微量元素缺乏的土壤上施用。由于微量元素从缺乏到多而发生毒害的数量范围很窄，因此，对微量元素肥料的施用，包括用量、浓度和施用方法都必须特别注意，施用过量往往产生毒害。施用方法有作基肥和根外追肥，也有用作种肥，因肥料种类而异。近20年来，随着我国农业生产的发

展，微肥施用面积成倍增加，尤其在经济作物上的施用更为广泛。微肥有单质的和复合型。目前我国微肥品种基本上是无机盐形态，而且以单质的居多。有机螯合微肥比无机微肥效果好，但其成本高，故大都应用于经济作物和果园。

（四）微生物肥料

微生物肥料又称菌肥、生物肥，是一种以微生物生命活动使农作物得到特定肥料效应的制剂。主要有根瘤菌肥料、固氮菌肥料、磷细菌肥料、硅酸盐细菌肥料、复合菌肥料、其他微生物肥料（如VA菌根真菌肥料）。

微生物肥料本身是菌而不是肥，一般情况下它本身并不含有植物需要的营养元素，而是含有大量的微生物，通过这些微生物的生命活动，改善作物的营养条件。将它们施到土壤中，在适宜的条件下进一步繁殖、生长，通过一系列的生命活动，促进土壤、肥料中某些养分物质有效化，间接地提供作物所需的营养物质。同时，由于某些微生物生命活动的分泌物和代谢物能够刺激作物根系，从而促进作物对养分的吸收。再加上有益微生物在作物根际广泛生长而降低或抑制有害微生物的存活，能够表现出减轻病虫危害的效果。合理施用微生物肥料，能够达到降低化肥用量、提高化肥利用率、提高作物产量、改善农产品的品质、减少环境污染的目的。虽然微生物菌肥益处很多，但它的肥效较低，难以满足作物生长对养分的需求，生产上不能代替化肥。

根据微生物肥料的上述特点，在施用上要注意以下几方面的问题：要采取措施创造适宜于有益微生物生长的环境条件，以保证微生物肥料中的有益微生物得以大量繁殖与充分发挥作用；微生物肥料不能单独施用，一定要和有机肥配合施用，有机肥中的有机质是微生物的能量来源，分解后又能改善微生物的营养条件；使用和存放微生物肥料不能与杀菌药剂同时存放或使用，如需结合防

病，一定在间隔48小时以上；微生物肥料不能在阳光下曝晒，要存放在阴凉处，使用时也要避免产品直接暴露在阳光下，只有这样才能保证肥效。

二、合理施肥的基本原则

合理施肥有其深刻的涵义。首先从经济意义上讲，通过合理施肥，不仅协调作物对养分的需要与土壤供养的矛盾，从而达到高产、优质的目的，而且以较少的肥料投资，获取最大的经济效益；其次从改土培肥而言，合理施肥的结果体现用地与养地相结合的原则，为作物高产稳产创造良好的土壤条件。此外，合理施肥还应注意保持生态平衡，保护土壤、水源和植物资源免受污染。

(一)合理施肥的基本原理

1. 养分归还(补偿)学说

养分归还(补偿)学说是由德国杰出化学家李比希提出的，其要点是：随着作物每次收获(包括籽粒和茎秆)，必然要从土壤中取走大量养分；如果不正确地归还养分于土壤，地力必然会逐渐下降；要想恢复地力就必须归还从土壤中取走的全部东西；为了增加产量就应该向土壤施加灰分元素。

养分归还(补偿)学说的实质是，为了增产必须以施肥方式补充植物从土壤中带走的养分，它符合生物循环的规律，所以是正确的。但这一学说也有它不足之处，主要为，是否必须归还从土壤中取走的全部东西。经过研究证明，由于植物在生长发育过程中所需各种营养元素的量不同，所以从土壤中取走的各种养分量也各异，如粮食作物，吸收的氮、磷、钾、钙和镁较多，其中氮和磷有80%以上集中于种子，而钾和钙则相反，80%集中在茎叶中，人们消耗粮食，致使氮、磷成为主要受损失的养分，其中氮又是主要的。因

粮食作物从土壤中吸取氮、磷是按3∶1的比例，而农家肥还给土壤的氮磷比一般为2∶1，所以除了豆科植物外，一般作物养分归还(补偿)的重点是氮营养，而磷元素只要适当补充就可达到平衡。而钾元素补充较少，钙元素一般不需补充。

2. 最小养分律

最小养分律也是李比希在1843年提出来的，它的要点是：决定作物产量的是土壤中某种对作物需要来说相对含量最少而绝非绝对含量最少的养分；最小养分不是固定不变的，而是随条件变化而变化的；继续增加最小养分以外的其他养分，不但难以提高产量，而且还会降低施肥的经济效益。

最小养分律是指在作物生长过程中，如果出现了一种或几种必需营养元素不足时，按作物需要量来说最缺的那一种养分就是最小养分。这种最小养分是会影响作物生长和限制产量的，当最小养分增加到满足作物需要以后，原来是最小养分的元素就被另一种含量最少的元素所代替，出现新的最小养分。因此，这种已经不算是最小养分的元素增加再多，也不能明显地提高产量。例如一块地，氮、磷、钾三要素中，氮的含量最缺，氮就是最小养分，这时施用氮肥就能增产；当土壤中氮素含量满足作物生长要求，而磷的含量最缺，磷就变成最小养分，施磷就可获得增产；当土壤中氮、磷含量均能满足要求时，钾又最缺，那么钾这时便成为最小养分，必须增施钾肥。

最小养分律关系到正确施肥和肥料选择的规律，忽视这个规律，就使养分失去平衡，既浪费肥料，又不会高产。为正确地运用，在指导施肥实践中应注意：最小养分不是指土壤中绝对含量最少的养分，而是指按作物对各种养分的需要量而言，土壤中相对含量最少即土壤供给能力最小的那种养分。补充缺乏这种养分量多少，尚须做田间试验。例如进行的化肥联网试验，就是探索土壤最

小养分律，以此制定最佳施肥方案。

最小养分不是固定不变的，可以是大量营养元素，也可能是某种微量元素。例如有的玉米出现“花白病”，经过施锌后病症消失，这说明土壤的最小养分是锌。要用发展的观点来认识最小养分律，抓住不同时期、不同地点的主要矛盾，决定重点施用肥料。最小养分是限制产量提高关键所在，如果忽视最小养分给施肥带来盲目性，继续增加其他养分，结果由于最小养分未得到补充和调整，则影响产量的限制因素依然存在，降低肥料利用率，影响肥料经济效益的发挥。

3. 报酬递减

律报酬递减律的中心意思是从一定土地上所得到的报酬，随着向该土地投入的劳动和资本量增大而有所增加，但随着投入单位劳动和资本的增加，报酬的增加却在逐渐减少。”

米采利希等人深入地探讨了施肥量与产量之间的关系，发现：①在其他技术条件相对稳定的前提下，随着施肥量的渐次增加，作物产量也随之增加，但作物的增产量却随施肥量的增加而呈递减趋势，即与报酬递减律吻合。②如果一切条件都符合理想的话，作物将会产生出某种最高产量；相反，只要有任何某种主要因素缺乏时，产量便会相应地减少。米采利希学说的文字表达是：只增加某种养分单位量(dx)时，引起产量增加的数量(dx)，是以该种养分供应充足时达到的最大产量(A)与现在的产量(y)之差成正比。米采利希的学说使得肥料的施用由过去的经验性进入了定量化的境界，可避免盲目施肥，提高肥料的利用率，发挥其最大的经济效益。因此，它是施肥的基本理论之一。

报酬递减律是指当某种养分不足，已成为进一步提高产量的限制因素时，施肥就可以明显地提高作物的产量。随着施肥量的增加，产量逐步提高，而施肥所增加的产量，开始是递增的，后来却

有递减现象。也就是说，从一定土地上所得到的报酬，开始时，随着投资的增多而增加，而后则随着投资的进一步增多而报酬逐渐减少，就是说粮食增加与肥料用量并不等比增加。

4. 营养元素同等重要和不可代替律

无论氮、磷、钾三要素，还是硼、锰、铜、锌、钼等微量元素，都是作物正常生长所必需的。实践证明，凡是作物所必需的各种营养元素，它们对作物所起的作用都是同等重要，而且它们之间是彼此不可代替的。同时也并不因为作物对它们需要量有所不同，而在重要性上有什么差别。比如尽管微量元素在植物体中的含量比大量元素少百倍、千倍，甚至十万倍，但缺少任何一种微量营养元素，作物也不能正常生长发育，严重缺乏时，作物就会死亡。有的地区由于土壤严重缺乏有效硼，曾发生过大面积春小麦“不稔症”，施硼肥后，产量明显提高。对土壤中微量元素在临界值以下，不同元素的敏感作物，如油菜对硼、大豆对铜、玉米对锌、果树对铁等要注意补充施入，避免因微量元素缺乏而成为作物产量与品质的障碍。

5. 限制因子律

作物生长受许多条件影响，不只限于养分。一般认为，影响作物生长的基本环境条件有 6 个，即光、热、水、空气、养分和机械支持。这些外界因子除了光以外，均全部或部分地与土壤有密切关系。作物生长和产量常取决于这些因子，而且它们之间需要良好的配合。假若其中某一因素和其他因子失去平衡，就会影响甚至完全阻碍作物生长，并最终表现在作物产量上，这就是所谓“限制因子律”。这可以用木桶表示各因子和产量之间的关系。木桶中水平面(代表产量)的高低，取决于组成木桶的各块木板(代表各种环境条件)的长短。换句话说，木桶盛水量(代表产量高低)是由多块木板(代表环境条件)共同决定的。若其中一块木板短了，其盛

水量就受到这块短缺木板的限制，其他木板再长也无济于事。先把短的补上，水就能多装了，然后再发现第二个短板再补上，要不断把木桶做高做大，产量才能越来越高。因此首先抓住最“短”的制约因素，即所谓木桶理论。

（二）合理施肥的原则

1. 根据不同生育时期的营养需求科学选肥、合理施肥

一般对于多年生的特别是根类和地下茎类花类中药，如白芍、大黄、党参、牛膝、牡丹等，以施用充分腐熟好的有机肥为主，增施磷钾肥，配合使用化肥，以满足整个生长周期对养分的需要。全草类在整个生长期以施氮肥为主，促进枝叶旺盛生长。果实种子类生长期需补充氮肥，花期、坐果期加强磷、钾肥及微量元素的供应，促进坐果率和果实肥大，冬季果实采收后，应重施有机肥以补充来年所需的营养。如广藿香在生长期以施氮肥为主；巴戟天根部含糖量很高，苗期主要施氮肥，生长的中后期则应多施钾肥及有机肥以促进根部生长。花、果实、种子类的中药材则应多施磷、钾肥。在中药材不同的生长阶段施肥不同，生育前期，多施氮肥，使用量要少，浓度要低；生长中期，用量和浓度应适当增加；生育后期，多用磷、钾肥，促进果实早熟，种子饱满。

2. 根据土壤供肥特点合理施肥

根据土壤的养分状况、酸碱度等选用施肥种类，缺氮、磷、钾肥或微量元素的土壤就应有针对性的补充所需的养分。砂质土壤，要重视有机肥如腐肥、堆肥、绿肥、土杂肥等，掺加客土，增厚土层，增强其保水保肥能力。追肥应少量多次施用，避免一次使用过多而流失。黏质土壤，应多施有机肥，结合加沙子，施炉灰渣类，以疏松土壤，创造透水通气条件，并将速效性肥料作种肥和早期追肥，

以利提苗发棵。壤土是多数中药材栽培最理想的土壤，施肥以有机肥和无机肥相结合，根据栽培品种的各生长阶段需求合理地施用。红壤、赤红壤应注重磷肥；酸性土忌施酸性肥，碱性土不施碱性肥料；黏土一次施用化肥量可稍大，沙质土则宜少量多次、少施勤施为好；酸性土壤上可施难溶性磷肥，石灰性土施难溶性磷肥则无效；北方土壤一般不缺钾素，可以少施钾肥；低湿土壤施用有机肥（尤其是新鲜有机肥）易导致土壤通气条件恶化，所以应慎重。

3. 根据不同肥料的特性合理施肥

肥料品种繁多，性质差异很大，施肥必须考虑肥料本身的性质与成分。有机肥肥效长而平缓，多用作基肥，施用量大；而种肥应选择对种子萌芽出土没有影响的腐熟有机肥化肥，易分解、挥发养分的肥料宜深施覆土，以减少养分损失，提高肥效。追肥宜选用速效化肥，施用量要适中，采用撒施、条施、穴施、浇灌等均可，且施用后要覆土；磷肥移动性差且容易被固定，所以一般要集中施用，并要靠近根层；磷矿粉只适于酸性土壤；微量元素肥料以叶面喷施为主，有时沾根或浸种。

4. 根据气候条件合理施肥

注意减少因不利天气而造成肥料的损失。因为雨量的多少及温度的高低都直接影响施肥的效果，如天气干旱不利施肥发挥作用，而雨水过多施肥，又容易使肥料流失。气温高，雨量适中，有利有机肥加速分解，低温少雨季节宜施用腐熟的有机肥和速效肥料等，旱土作物宜在雨前 2～4 天施肥，而水生植物则宜在降雨之后施肥，防止流失。

三、施肥的方式

施肥可分为基肥、种肥、土壤追肥和根外追肥。基肥也叫底

肥,是播种前或移植前施入土壤的肥料,其作用是供给植物整个生育期所需养分,一般用肥效持久的有机肥料做基肥,并适当配合化学肥料。种肥是播种、定植时或与种子一起施用的肥料,其作用主要是供给幼苗生长所需养分。种肥以速效肥料为好,尿素、氯化铵、碳酸氢氨、磷酸铵等由于易灼伤种子或幼苗,故不宜用做种肥。种肥浓度不宜过高,不能过酸、过碱,不能含有有毒物质或产生高温。追肥是在植株生长发育期间施用的肥料,其作用是及时补充基肥的不足,一般用速效肥做追肥,高度腐熟、速效养分含量高的有机肥也可作追肥。根外追肥是将水溶性肥料喷洒在植物叶。几种施肥方式要灵活掌握。

四、施肥的方法

(一)撒施

将肥料均匀撒在地面上,翻耕时一起翻入土中,然后耙匀,使土壤与肥料混合,减少养分损失。

(二)沟施

在植物行间或近根处开沟,将肥料施入沟内,然后盖土。

(三)穴施

在绿地或树木树冠周围挖穴,将肥料施入穴内,然后盖土。

(四)浇灌

将肥料溶于水,浇在植物行间沟穴内,浇后盖土。

(五)洞施

在不能开沟施肥的地方,可采用打洞的办法将肥料施入土壤。

可用土钻或机动螺旋钻，钻孔直径 5 cm 左右，深度 30～60 cm。肥料最好为专用缓释肥料或有机肥混合化肥。

（六）叶面喷施

将肥料配成一定浓度的溶液，喷洒在植物茎叶上。

（七）浸种、拌种、沾根

用肥料的稀溶液浸种，或用其固体稀释制剂拌种，可促进幼苗早期生长。对于移植苗木或秧苗，可用肥料溶液或固体制剂沾根，然后栽植。

（八）埋干和树干注射

当树木营养不良时，尤其是缺乏微量元素时，可在树干中挖洞填入相应养分元素的盐类。幼树、花木等可采用树干注射的方法将微量元素增加到植物体内。埋入量或注射量约为植物 1 年或数年的吸收量。

第四节　其他田间管理措施

一、覆盖与遮阴

（一）覆盖

覆盖是利用稻草、树叶、植物蒿秆、厩肥、土杂肥、草木灰、泥土或塑料薄膜等覆盖于地面或植株上的管理措施。覆盖可以调节土壤的温度和湿度；防止杂草滋生和表土板结；有利植物越冬和过夏；防止或减少土壤水分蒸发；提高药材产量等。覆盖的时间和覆盖物的选用应根据花类中药不同生长发育时期及其对环境条件的

要求而定。

中草药大都种植在土壤贫瘠的荒山、荒地上，水源条件较差，灌溉不便，只要在定植和抚育时，就地刈割杂草、树枝，铺在定植点周围，保持土壤湿润，才能提高造林成活率，促进幼树生长发育。覆盖厚度一般为 10～15 cm。在林地覆盖时，覆盖物不要直接紧贴植物主干，以防在干旱条件下，昆虫集居在杂草或树枝内，啃食主干皮部。

（二）遮阴

一些阴生中草药以及在苗期喜阴的植物须在栽培地上采用遮阴措施，以避植株受高温和强光直射，保证其正常生长发育。目前，遮阴的方法有间、套种作物荫蔽，林下栽培，搭设荫棚等。由于不同的植物对光照条件的反应不同，要求荫蔽的程度也不一样。因此，应根据植物种类及其发育时期的不同，采用不同的遮阴措施。

1. 间、套种作物遮阴

对于一些喜湿，不耐高温、干旱及强光，但只需较小荫蔽条件下就能正常生长的中草药，可采用此法进行遮阴。

2. 林下栽培

一些中草药可在林下栽培，利用树木的枝叶遮阴，如黄连、细辛、砂仁等均可采用此法。但必须根据各种植物所需的荫蔽程度，对树木采取间伐、疏枝等措施进行调节。

3. 搭棚遮阴

对于大多数阴生中草药，目前最常用的遮阴方法是搭设荫棚进行遮阴。用于搭棚的材料可因地制宜，就地取材，选择经济耐用

的材料。荫栅的高度、方向，应根据地形、地貌、气候和中草药的生长习性而定。近年来，采用遮阳网代替荫棚进行遮阴，可减少对林木资源的破坏，以保护生态环境。此法简单易行，经济实用，是值得大力推广的一种遮阴方法。

二、搭架

当藤本中草药生长到一定高度时，茎常不能直立，往往需要设立支架，以便牵引茎藤向上伸展，使枝条生长分布均匀，增加叶片受光面积，提高光合作用效率，促进株间空气流通，降低温度，减少病虫害的发生，以利植物的生长发育。

三、寒潮、霜冻和高温的防御

中草药在栽培过程中，常会遇到不良气候条件的侵袭，如寒潮、霜冻、高温等，往往导致植株生长受到影响，轻则生长不良，影响产量与质量，重则枯萎死亡，颗粒无收。因此，必须做好对这些恶劣环境的防御工作。

(一)抗寒防冻

低温能使中草药受到不同程度的伤害，甚至引起死亡。尤其是越年生或多年生植物，由于要经受冬季严寒的侵袭，故常遭受冻害，易致幼苗死亡或块根、块茎组织遭到破坏而腐烂。不同程度的低温对中草药危害的程度亦有差异。

抗寒防冻的目的是为了避免或减轻冷空气的侵袭，提高土壤温度，减少地面夜间散热，加强近地层空气的对流，使植物免遭或减轻寒冻为害。

抗寒防冻的措施很多，除选择和培育抗寒力强的优良品种外，还可采取以下措施。

1. 调节播种期

中草药在不同的生产发育时期，其抗寒能力不一样。一般苗期和花期的抗寒能力较其他生长期弱，因此适当提早或推迟播种期，可使苗期或花期避过低温为害。

2. 灌水

灌水是一项重要的防霜冻的措施，因为水的比热较大，灌水后能放出大量潜热，增大土壤的热容量和导热率，增加空气温度，缓和气温下降，从而提高地面温度。据报道，灌水可提高地面温度2℃左右。灌水时间与灌水防冻效果有一定关系，越接近霜冻日期灌水，防冻效果越好。因此，必须预知天气情况和降霜特征，才能掌握好灌水防冻的时间。一般在春秋季，由东南风转西北风的夜晚，易发生降霜；潮湿、无风而晴朗的夜晚或云量很少，且气温低时就有降霜的可能性。因此，春秋季大雨过后，必须注意气候变化，适时作好灌水防霜冻工作。

3. 追肥

在降霜前追施磷、钾肥，配合施用火烧土，能增强中草药的耐寒能力。因为磷能促进植物的根系生长，扩大根系吸收面积，促进植株生长健壮，提高对低温、干旱的抗性。钾能促进植株纤维素的合成，利于木质化，在生长后期，能促进淀粉转化为糖，提高植株的抗寒性。

4. 覆盖、包扎与培土

对于珍贵或植株矮小的中草药，可用稻草、麦秆或其他草类进行覆盖防冻。在寒冷季节到来之前可用稻草等包扎苗木，并结合根际培土，以防冻害。在北方地区，不宜过早除去保护物，以免遭

受“倒春寒”的危害。

中草药遭受霜冻危害后，应及时采取措施加以补救，力争减少损失。如采用扶苗、补苗、补种和改种，加强田间管理等。对于中草药在发芽前可将受冻枯死部分剪除，以利新梢萌发，促进植株复壮。

(二)高温的防御

夏季温度过高会导致大气干旱。高温干旱对中草药的生长发育威胁很大，特别是对一些不耐温的阴生植物，尤为如此。在生产上可培育耐高温、抗干旱的优良品种，采用灌水降低地温，喷水增加空气湿度，覆盖遮阴等办法来降低温度，降低高温干旱的为害程度。

第三章　红花

红花(Carthamus tinctorius L.),别名:云红花、理红花、刺红花、草红花、红兰花、菊红花等,为菊科红花属一年生或二年生(秋播)植物,花、种子均可供药用。栽培历史悠久,是著名的药用植物,红花除药用外,还是一种天然色素和染料。红花种子中含有20～30%的红花籽油,是一种重要的工业原料及保健用油。我国红花的种植最早可以追溯到汉代“张骞得种于西域”,从西域引入到我国内地,最初主要作为天然染料的原料,已经有2100年的历史。目前我国红花的生产主要集中在新疆、云南等省份。

作为中药材红花为干燥的红花花丝,红花的性味辛温,归心经和肝经,功效与作用是活血通经、散瘀止痛。用于治疗经闭、痛经、恶露不行、症瘕痞块、胸痹心痛、瘀滞腹痛、胸胁刺痛以及跌扑损伤、疮疡肿痛等。红花入心肝血分,具有辛散温通的药性,能够活血通经、散瘀止痛,所以是活血祛瘀的药,广泛用于内、外、妇、伤各科的瘀血症。

临床可以配伍柴胡使用,治疗气滞血瘀所导致的胸胁胀痛、月经不调、经行乳房胀痛。也可以配伍肉桂使用,达到通利血脉的目的。还可以配伍紫草使用,起到凉血、活血、解毒、消斑的功效。

现代医学研究发现,红花中的多种有效成分可影响免疫功能、拮抗血小板活化因子受体、清除氧自由基,还能拮抗多种炎症因子,有较好的抗炎作用,从而起到很好的保肝、护肝的功效。另外,红花还能增加冠脉血流量、活血化瘀、治疗胸痹心痛等。

红花籽油又称红花油,是以红花籽为原料制取的油品。红花

籽油呈黄色，标准型红花籽油的脂肪酸组成为棕榈酸5%～9%，硬脂酸1%～4.9%，油酸11%～15%，亚油酸69%～79%，碘价140左右，属干性油。油酸型红花籽油以油酸为主，约占60%，亚油酸25%，碘价105左右，属半干性油。油中含维生素E、谷维素、甾醇等营养成分，可以与其他食用油调和成为"健康油"、"营养油"，还是制造亚油酸丸等保健药物的上等原料。红花籽油亚油酸含量适应于各类型的动脉粥样硬化、血胆固醇过多、高血压、中风、心肌梗死、心绞痛、心力衰竭等症。

此外近年来，干燥的红花头经常被用来作为花茶饮用。红花的多种用途造成在国内外的消费量剧增，销售价格坚挺。然而，在红花栽培过程中，由于一些生产因素被忽略，导致红花产量偏低。实现红花高产高效，需要认真了解红花各方面的知识内容。

第一节 红花的形态特征

红花的植物学分类

- 界：植物界
- 门：被子植物门
- 纲：双子叶植物纲
- 亚纲：合瓣花亚纲
- 目：桔梗目
- 亚目：红蓝花
- 科：菊科
- 亚科：管状花亚科
- 族：菜蓟族
- 属：红花属
- 种：红花

红花为一年或二年生草本(秋播)，植株高30～150厘米，全株

光滑无毛。茎直立,上部有分枝,茎枝白色或淡灰白色。

红花叶互生,中下部茎叶披针形、披状披针形或长椭圆形,长7～15厘米,宽 2.5～6 厘米,边缘大锯齿、重锯齿、小锯齿以至无锯齿而全缘,极少有羽状深裂的,齿顶有针刺,针刺长 1～1.5 毫米,向上的叶渐小,披针形,边缘有锯齿,齿顶针刺较长,长达 3 毫米。全部叶质地坚硬,革质,两面无毛无腺点,有光泽,基部无柄,半抱茎。上部叶渐小,成苞片状,围绕头状花序。

夏季开花,头状花序,在茎枝顶端排成伞房花序,为苞叶所围绕,苞片椭圆形或卵状披针形,包括顶端针刺长 2.5～3 厘米,边缘有针刺,针刺长 1～3 毫米,或无针刺,顶端渐长,有篦齿状针刺,针刺长 2 毫米。总苞卵形,直径 2.5 厘米。总苞片 4 层,外层竖琴状,中部或下部有收缢,收缢以上叶质,绿色,边缘无针刺或有篦齿状针刺,针刺长达 3 毫米,顶端渐尖,有长 1～2 毫米,收溢以下黄白色;中内层硬膜质,倒披针状椭圆形至长倒披针形,长达 2.3 厘米,顶端渐尖。全部苞片无毛无腺点。小花红色、桔红色,全部为两性,花冠长 2.8 厘米,细管部长 2 厘米,花冠裂片几达檐部基部。直径 3～4 厘米;总苞近球形,总苞片多列,外侧 2～3 列按外形,上部边缘有不等长锐刺;内侧数列卵形,边缘为白色透明膜质,无刺;最内列为条形,鳞片状透明薄膜质,有香气,先端 5 深裂,裂片条形,初开放时为黄色,渐变淡红色,成熟时变成深红色;雄蕊 5,合生成管状,位于花冠上;子房下位,花柱细长,丝状,柱头 2 裂,裂片舌状。

瘦果倒卵形,长 5.5 毫米,宽 5 毫米,乳白色,有 4 棱,棱在果顶伸出,侧生着生面。无冠毛。花果期 5～8 月。

现在通过人工选育,多数栽培用优良品种叶片及苞叶均为无刺型。

第二节　红花的生物学特性

红花喜温暖、干燥气候,抗寒性强,耐贫瘠。抗旱怕涝,适宜在

排水良好、中等肥沃的砂壤土上种植。种子容易萌发，4.5℃以上就可萌发，发芽适温为15～25℃，发芽率为80%左右。红花适应性较强，春季播种生活周期120天左右。秋季播种生育期250天左右。

一、红花的生长发育期

1. 出苗期：即红花播种发芽到真叶展开出全苗的阶段，不同温度条件下出苗期时间为7～15天。

2. 莲座期：红花出苗后一般情况下主茎并不马上向上伸长生长，而是叶片紧贴地面平面展开生长，后续叶片生长时多片叶片层层错落叠加在一起，状如荷花，这是红花适应低温、短日照的特性反映，此阶段称为莲座期。莲座期长短因温度高低及日照长短而不同，低温时间、短日照时间长莲座期时间长，反之则短。莲座期红花生长缓慢，主要生长叶片及根系，此期红花耐低温、耐湿性较强。

3. 伸长期：当红花莲座期生长进入到合适温度后，红花主茎开始向上快速生长，叶片数增加、节间明显伸长，每天生长高度可达5厘米以上，一直到主茎顶端叶片叶腋处出现几个明显的侧芽，向上伸长生长变缓慢为止。此期成为伸长期，时间较短，一般仅为10～15天左右的时间。此期对养分需求开始增加。

4. 分枝期：主茎顶端叶片叶腋出现侧芽一直到形成分枝，为第一级分枝；主茎顶端首先出现花蕾，顶端花蕾出现后第一级分枝叶腋处上会出现二级分枝，陆续一级分枝出现花蕾后二级分枝还会生出第三级分枝，直至主茎顶端花蕾吐出花丝开放。此期为分枝期，生长中心为分枝及花蕾，此期对养分需求最多。

5. 开花期：红花从10%左右主茎顶端花蕾吐出花丝开放直至所有花蕾花丝吐完，为红花的开花期。此期时间一般为10～15天，开花顺序为主茎顶端花蕾→第一级分枝花蕾→第二级花蕾依次吐出花丝。此期红花生长中心为花蕾，对水分相当敏感，既不能过于干旱，又不能水分过多形成田间积水，严重干旱红花吐丝不畅，花期夜间如遇较长时间降雨会影响花丝吐出并降低花丝质量。

6. 成熟期：红花在完成授粉后，花丝凋谢萎蔫，进入红花成熟期。此期生长中心为红花种子，主要积累干物质、油分等，由于红花花丝吐出时间不同，从第一朵花授精结束到多数种子成熟需要一个月左右的时间。红花种子成熟的标准为籽粒变硬，水分降低到 25％以下，种球苞叶变黄，籽粒松散，用手挤压种球可轻松把种子挤出。

二、红花生长适宜的环境条件

1. 水分：红花根系极为发达，能吸收土壤深层的水分，抗旱能力强，红花全生育期都怕田间积水，苗期、莲座期温度低于 15℃时短暂积水不会引起死苗，但在高温季节，短暂积水也会造成红花植株死亡。红花生长期遇到连阴雨天气，空气湿度大会引起病害发生严重，开花期遇雨，宜影响开花吐丝，严重影响花丝产量，还影响授粉及红花籽结实。

红花虽然耐旱，但在干旱的情况下适度浇水，可显著提高花丝品质及产量，种子产量及含油率也会获得提高。

2. 温度：红花一般从播种至成熟需≥5℃的积温 2274～2474℃，平均为 2375℃。红花是耐寒性较强，北方耐寒性品种在苗期-15℃情况下可安全越冬。种子在 5℃时就可正常发芽(笔者测定 4.5℃)。红花生长对温度适应范围较宽，在 4～35℃均可正常生长，最适宜生长温度为 20～30℃，红花生长前期低于 10℃温度不影响生长，孕蕾开花期遭遇 10℃以下低温时有可能造成花丝发育，花器官发育不良，严重时头状花序不能正常开放，开放的小花也造成不能结实的影响。

3. 光照：红花为长日照植物，短日照对红花前期营养生长有

利，短日照时间长红花莲座期时间长，有利于红花积累养分，增加花蕾数量和产量；后期生殖生长需要长日照才能正常开花结籽，红花花期，每天14小时以上的长日照容易形成肥而硕大的花冠，花丝高品质，提高红花种植效益。

4. 营养：红花在普通各种不同的营养条件都可生长，开花结实，耐瘠薄。肥力充足、养分含量全面均衡是获得红花花丝及红花籽高产的基础。

5. 土壤：红花可以适应多中土壤条件，轻度盐碱也可正常生长。土壤深厚、排水良好，中性及轻度盐碱的中壤及轻壤土质更容易实现红花高产，不宜在pH值超过8.5盐碱地种植红花。

第三节　红花栽培技术

一、选地整地

1. 选地：红花对土壤要求不严，但要获得高产，必须选择土层深厚，土壤肥力均匀，排水良好的中、上等壤土、轻壤土或砂壤土的土壤。地势平坦，排、灌条件良好。前茬以大豆、玉米、谷物等作物为好。

2. 造墒：前茬作物收获后应立即进行浇水、耕翻、施肥、耙盖。红花虽然耐旱性强，但足墒播种非常重要，不仅有利于出苗，足墒播种还能保证红花前期的水分需求。选好地块儿整地前，建议亩浇水60立方以上，浇足浇透。

3. 施肥：施足基肥是保证红花正常生长和高产的基础。亩施1000～1500千克腐熟的农家肥，8～10千克尿素，8～10千克磷肥，1千克锌肥，速效钾低于350毫克/千克以下的地块亩施3～5千克钾肥；或亩施有机质含量30%商品有机肥500千克加上45%氮磷钾复合肥30～50千克。

4. 整地：红花根系可以扎到2米以下的深度，播种前应选择深翻或深松土壤，深翻或深松深度25厘米以上，打破犁底层。耕地质量应不重不漏，深浅一致，翻扣严密，无犁沟犁梁，耕翻或深松后及时耙盖平整，保墒。整地质量应达到“齐、平、松、碎、净、墒”六字标准。

因为红花具有耐旱怕涝的特性，建议种植红花地块两侧提前挖好排水沟，一旦出现沥涝情况能保证马上排水。

二、播种

1. 播种期的确定：秋播红花具有花丝采摘期早、质量好、红花籽产量高的优点，在冬季最低温度不低于-10℃左右的中南部省份，一般都可秋季播种。云南当南方省份，冬季无严重低温，可以在冬前秋季种植红花，秋季9～10月份播种，第二年4月份就进入花丝收获期。河南、山东、河北中南部播种期与冬小麦基本同期，不可播种过早，河北南部、河南、山东部分冬季寒冷地区可以选择耐寒性强的红花品种实行秋季播种，采取地膜覆盖及其他保温措施，可保证红花正常越冬。新疆、甘肃、宁夏、河北北部等北方寒冷地区在春季温度5℃以上时即可播种，越早越好，适期早播可以提高花丝及种子产量，河北中部地区红花的适宜播种期一般在2月下旬至3月上中旬。

2. 选种及种子处理：由于红花在世界各地及国内栽培历史悠久，不同区域各种生态环境条件影响发生的性状变异及现代育种技术的应用，出现了很多优良的红花品系。红花品种按用途分为三种类型，一般有花用型、油用型、兼用型三类品种，按花色分为白色、浅黄色、黄色、橘黄色、橘红色和红色六种，从植株形态上还分为无刺型、微刺型及有刺型。由于地域条件不同，耐寒性品种也差异较大。根据道地药材还分为杜红花、怀红花、卫红花等。

选择红花品种，首先要选择适宜本地区生长的，按主要用途进

行选择。用来药用为主的应当选用橘黄或橘红色、花朵肥大、有效成分高、适应性强的无刺型品种。

用于栽培种植红花种子发芽率应当达到85%以上,无病菌及病毒感染。

红花的异交率平均可达18%,在红花收获时,可进行选种,选择花蕾多、花朵肥大、整齐的红花植株做好标记,红花种子成熟后单独收获留种。也可选用质量好的商品红花种子。播种前建议晒种三至五天,可用50~55℃温水浸种10~15分钟,然后晾干并用50%多菌灵或70%甲基托布津可湿性粉剂进行药剂拌种,每100克药剂拌红花种子5千克。

3. 播种方法和播种量:播种方法采用谷物播种机条播,40~45厘米等行距播种,或4行30~40厘米窄行距、1个50~60厘米宽行距,播深3~5厘米,若土壤墒情不好,气候干旱,土质疏松,可适当深播;土壤黏重,温暖、湿润的地区,播种可稍浅。每米落种50粒左右,落种均匀。播行端直,播深一致。不重播、漏播,覆土严密,镇压踏实,每亩播量2~2.5千克。也可用红花专用播种机精量穴播,红花种子要进行精选,保证发芽率达到85%以上,每穴落子2~3粒,每亩播量1~1.5千克即可。新疆、甘肃、宁夏、河南、山东、河北中南部等北方地区播种,可采用地膜覆盖播种方法,防止冻害、提早红花采收期。春季的播种前3~5天每亩用48%氟乐灵乳油100~150克或33%二甲戊灵乳油150~200克,兑水15千克在地面喷施,然后耙盖混土3~5厘米,进行化学除草,可以控制大部分双子叶杂草及单子叶杂草。

三、田间管理

(一)苗期~莲座期田间管理

(1)间苗:红花播种后因温度不同出苗时间有差异,温度高时7

天左右出齐，温度低时10～15天出全苗，红花出苗后2～3片真叶以上时就可以开始间苗，将过密苗间开苗距3～5厘米，这样有利于促进幼苗生长均匀一致，

（2）定苗：当幼苗长出4～6片真叶时开始定苗，株距15～20厘米，去小留大、去弱留强，太大的变异苗也不留，去掉病苗、弱苗，缺苗的地方可以带土移苗，以保证全苗。

（3）亩留苗密度：高等肥力土壤红花分枝能力强，亩留苗密度较稀，平均株距17～18厘米，亩留苗密度1万株左右；中等肥力土壤平均株距15～16厘米。亩留苗密度1～1.2万株；低等肥力土壤红花分枝能力弱，亩留苗密度较密，平均株距为13～15厘米，亩留苗密度1.3～1.5万株。

（4）及时中耕、除草：播后遇雨及时破除板结，拨锄幼苗旁边杂草。第一次中耕要浅，深度3～4厘米，以后中耕逐渐加深到10厘米，中耕时要防止压苗、伤苗，一般可中耕、锄草2～3次。

（5）浇水：莲座期如果遇到急剧干旱，影响红花正常生长，可浇水一次，实行小畦灌溉。

（二）分枝期至开花期田间管理

（1）施肥：红花是耐瘠薄作物，但要获得高产除了播期施用基肥以外，还要在分枝初期追施一次尿素，增加植株花球数和种子千粒重。结合最后一次中耕开沟追肥，沟深15厘米左右，每亩追施尿素8～10千克，追后立即培土。红花是以收花丝为主要经济收益，在盛蕾期至初花期叶面喷施0.2%～0.3%磷酸二氢钾溶液，可促进花蕾增大，提高产量。

（2）浇水：红花耐干旱，但在干旱情况下适度浇水可大幅度提高花丝及红花籽产量。第一水应适当晚灌，在红花分枝后中午植株出现暂时性萎蔫时灌头水。灌水方法采用小水慢灌，灌水要均匀。灌水后田内无积水。从分枝期开始浇头水，开花期和盛花期

各浇一次水。以后根据土壤墒情控制浇水，不干不浇。特别是肥力高地块控制浇水是防止分枝过多、田间郁蔽、预防后期发病的关键措施。红花全生育期一般需灌水2～3次，灌水质量应达到不淹、不旱。灌水方法可采取小畦灌溉，严禁大水漫灌。

(3)排水：红花耐旱不耐涝，尤其到生长中后期，短时间积水也有可能造成红花植株死亡，遇雨出现田间积水后要立刻采取排水措施，确保田间无积水。

(4)打顶：红花植株在合适时间打顶摘心可以促进增加分枝，花蕾增多、花冠肥大，增加产量。尤其肥力充足的地块儿，适时到顶可有效控制株高、降低倒伏危险，打顶一般应在红花植株高度80厘米左右时进行。有些密度偏大，分枝较多的不必打顶。

(三)花后管理

红花采花后，进入籽粒灌浆成熟期，要保证水肥供应，促进籽粒饱满。

四、病虫害防治

红花的主要病害有红花根腐病、菌核病、炭疽病、黑斑病等，主要虫害有红花蚜虫、红花实蝇、红蜘蛛等。

红花病虫害防治要坚持“预防为主，综合防治”植保方针。主要综合防治措施如下。

农业防治：选排水良好地势高燥的轮作地块或高垄种植，前茬作物以豆科或禾本科作物为好；选择抗性强的品种，或选用无病地块的无病植株留种；清除田间枯枝落叶及杂草，集中烧毁，减少越冬菌源，实行轮作、避免连作；雨后及时排水，降低田间湿度；增施磷钾肥，促进植株健壮，提高抗病力。

药剂拌种：播前用50%多菌灵150倍液浸种，可有效控制病害的发生。病虫害发生时辅以相应的生物农药或低毒化学农药

防治。

化学防治：

1. 根腐病：由根腐病菌侵染，整个生育阶段均可发生，尤其是幼苗期、开花期，在低温高湿条件下发病严重。幼苗发病时叶片变黄干枯，根部腐烂很快萎蔫死亡；高大的病株茎基和主根成黑褐色，横切或斜切病株茎根后会发现维管束变褐，严重时茎基部皮层腐烂，植株萎蔫，枝叶变黄枯死。防治方法：种子消毒处理外，发现病株要及时拔除烧掉，防止传染给周围植株，在病株穴中撒一些生石灰或呋喃丹，杀死根际线虫，用70%的甲基托布津可湿性粉剂1000倍液或50%多菌灵可湿性粉剂500倍液浇灌病株。

2. 菌核病：菌核病是一种常见的土传性真菌病害，是由菌核萌发侵染引起的，菌核在土壤中或混杂在种子中越冬或越夏。春季和初夏多雨时发生，感病植株叶色变黄、枝枯、根部或茎髓部出现黑色鼠粪状菌核。可选用40%菌核净可湿性粉剂按种子量的0.3%～0.5%药量拌种，或50%多菌灵可湿性粉剂500倍液浸种，也可用20%菌核利喷灌或24%满穗悬浮剂作种子或土壤处理；红花生长期可用50%多菌灵或70%甲基硫菌灵1000倍液喷雾。

3. 炭疽病：红花炭疽病是红花上的重要病害，全国各栽培区广泛发生，危害严重。苗期直至成株期均可发病。叶片染病初生圆形至不规则形褐色病斑。茎部染病初呈水渍状斑点，后扩展成暗褐色凹陷斑，严重的造成烂茎，轻者不能开花结实。叶柄染病症状与茎部相似。湿度大时，病斑上产生桔红色粘质物。病菌以菌丝体潜伏在种子里或随病残体自在土壤中越冬。翌年发病后病部产生大量分生孢子，借风雨传播进行再侵染。南方带3月下旬至4月上旬开始发病，5～6月进入盛发期。北方6月开始发病。气温20～25℃，相对湿度高于80%易发病。雨日多，降雨量大易流行。品种间感病性有差异：一般有刺红花较无刺红花抗病。氮肥过多，徒长株发病重。防治方法：发病初期开始喷洒保护性杀菌剂70%代森

锰锌可湿粉剂500倍液或50%苯菌灵可湿性粉剂1500倍液、或25%炭特灵可湿性粉剂500倍液、或40%达科宁悬浮剂700倍液。

4. 锈病：锈病是红花上重要病害，全国各种植区广泛发生，造成不同程度损失，称红花柄锈菌，属担子菌亚门真菌。性孢子器球形，蜜黄色，顶端突出在寄主表皮外。主要危害叶片和苞叶。苗期染病子叶、下胚轴及根部密生黄色病斑，其中密生针头状黄色颗粒状物，即病菌性子器。后期在锈子器边缘产生栗褐色近圆形斑点，表皮破裂后散出锈孢子。成株叶片染病叶背散生栗褐色至锈褐色或暗褐色稍隆起的小疱状物，即病菌的夏孢子堆，疮斑表皮破裂后，孢子堆周围表皮向上翻卷，逸出大量棕褐色夏孢子，有时叶片正面也可产生夏孢子堆。进入发病后期，夏孢子堆处生出暗褐色至黑褐色疱状物，即病菌的冬孢子堆，大小1～1.5毫米。严重时叶面上孢子堆满布，叶片枯黄，病株常较健株提早15天枯死。常与炎疽病同时发生，高湿有利于锈病的发生和发展，连作是造成锈病孢子侵染主要原因。为害叶片，以叶背面发生较多。防治方法是：喷施20%三唑酮乳油1000倍液或97%的敌锈钠300～400倍液，每隔10天一次，连续2～3次即可；或用波美0.2度石硫合剂或62.25%仙生800倍液喷雾，每隔10天喷1次，连续2～3次。

5. 黑斑病：主要为害叶片，也为害叶柄、茎、苞片及花等部位。叶上病斑散生，近圆形，直径可达10毫米左右，黑褐色，有同心轮纹，上生灰黑色霉状物。病原菌属半知菌亚门，丝孢纲，丝孢目，暗色孢科，链格孢属真菌。病菌以菌丝体和分生孢子随病株残体遗留在土壤中越冬。次年越冬病菌产生分生孢子进行初次侵染。附着在种子上的病菌于出苗时可引起死苗或茎斑。分生孢子靠风雨传播，进行重复侵染。温暖、潮湿或多雾、露天气，有利于病害的发生。一般在4～6月发生。防治方法：雨后及时开沟排水，降低土壤湿度。发病时可用70%代森锰锌600～800倍液或1：1：240波尔多液喷雾，每隔7至10天一次，连续2～3次。

6. 猝倒病：猝倒病是红花上重要病害，各种植区普遍发生，严重影响红花产量和品质。病原为属鞭毛菌亚门真菌，主要危害幼苗的茎或茎基部，初生水渍状病斑，后病斑组织腐烂或溢缩，幼苗病倒。病菌侵入后，在皮层薄壁细胞中扩展，菌丝蔓延于细胞间或细胞内，后在病组织内形成卵孢子越冬。该病多发生在土壤潮湿和连阴雨多的地方，与其他根腐病共同为害。防治方法：注意避免低温、高湿条件出现；发病时可喷洒72.2%普力克水剂400倍液或58%甲霜灵锰锌可湿性粉剂800倍液、或64%杀毒矾可湿性粉剂500倍液、或72%克露可湿性粉剂800～1000倍液、或69%安克.锰锌可湿性粉剂或水分散粒剂800～1000倍液。

7. 蚜虫：红花指管蚜虫，属同翅目蚜科长管蚜属的昆虫，是红花种植中最常见的害虫。红花指管长蚜虫分为无翅孤雌蚜和有翅孤蚜2种，无翅孤雌蚜体长3～4毫米，黑色；有翅孤蚜体长约3毫米，两对透明翅，头胸黑色，腹部色浅。红花指管蚜虫成蚜或若蚜群集于红花植株顶端的嫩尖及叶片背面和花蕾，以刺吸式口器吸食植株的汁液，使植株生长受阻，造成分枝和花蕾减少，红花蚜虫危害一般不造成卷叶。以卵在牛蒡等寄主上越冬，次年春季卵孵化为干母后，开始孤雌性生殖并在蓟类植物上危害繁殖，随后有翅蚜虫向红花迁飞。无论是新疆和云南主产区，还是陕西、山东、辽宁、河南、河北等产区，几乎所有红花种植区都有红花指管蚜虫。在春季温度高于19℃时开始大量发生，20～25℃的温度及70%左右的湿度适合红花蚜虫大量繁殖，在嫩叶嫩茎上吸食叶液；一般在5～6月开花前后为害茎叶。防治可用2.5%鱼藤酮750倍、10%吡虫啉可湿性粉剂1000倍液、或5%啶虫脒可湿性粉剂1000倍液或50%抗蚜威800倍液任选其一喷施。

8. 红蜘蛛：现蕾开花盛期，常大量发生，聚集叶背，吸食叶液被害叶片显出黄色斑点，继后叶绿素破坏，叶片变黄脱落。受害轻的生长期推迟，重者死亡。可喷施0.3波美度石硫合剂、1.8%阿维菌

素 2500 倍液 73%克螨特 2000 倍液或 50%溴螨酯 2000 倍液，任选其一即可。

9. 钻心虫：对花序危害极大，蕾期幼虫在花蕾中为害，造成烂蕾，以致不能开花而枯萎。蕾期用 2.5%溴氰菊酯乳油 1500 倍液或 90%晶体敌百虫 800～1000 倍液喷施。

10. 红花实蝇：花蕾期危害，幼虫孵化后在花头内蛀食，使花头内发黑腐烂。在红花花蕾现白期，用 2.5%溴氰菊酯乳油 1500 倍液或 90%敌百虫 800 倍液喷雾防治成虫，一周后再喷一次，可基本控制危害。

五、适时收获

1. 收花：南方栽植红花 4～6 月份开花，北方 6～8 月份开花，进入盛花期后，应及时采收红花，每个花序可连续采摘 2～3 次，可每隔 1～2 天采摘 1 次。红花的部分品种叶片或苞叶满身有刺，即使叶片没有刺的品种也因为花蕾苞叶坚硬扎手，给花的采收工作带来麻烦，采收时要采取必要的防护措施，一是可穿厚的牛仔衣服进田间采收，二是要戴手套采收；尽量时间在清晨露水未干时采收，此时的刺及苞叶变软，有利于采收工作。以花冠裂片开放、雄蕊开始枯黄、花色鲜红、油润时开始收获，最好是每天清晨采摘，此时花冠不易破裂，苞片不刺手。特别注意的是：红花收花不能过早或过晚；若采收过早，花朵尚未授粉，颜色发淡，采收过晚，花变为紫黑色，采收偏早或偏晚都采摘困难。过早或过晚收花，还影响花的质量，花不宜药用。

现在红花都是人工采收，还没有成熟的采花机械；也正因为采花没有实现机械化采摘才使得红花价格坚挺。在人工采收方面也是有技巧的，首先准备好收花的口袋等工具捆绑在腰部，口袋开口在身体前部。采摘时机一是要在花朵充分展开时采摘；二是采摘手法，采摘时用拇指、食指、中指指肚紧紧捏住花丝，然后轻轻扭动

即可迅速采摘；用手指掐或拔，不仅费力还伤害手指；三是必须做好防护措施，带乳胶或其他不宜扎透的手套，因为采花需要十多天的时间，如果手指被扎伤后会影响后期采摘；合理密植高产也是提高采摘效率的途径之一，越是种植密度低、花量少的采摘效率越低，反之种植密度高、花密集采摘效率高。很多高手双手采摘，采摘速度很快。

2. 收籽：当红花植株变黄，花球上多数苞叶变黄、只有少量绿苞叶，花球失水，种子变硬，果球内种子由暗青色变白时，并呈现品种固有色泽时，果球内部松散，用手挤压果球种子可从果球内挤出时候，即可收获。一般采用普通谷物联合收割机收获。

六、红花晾晒及保存

红花花丝采收后，要立刻晾晒。晾晒红花要选择干净、宽敞、通风的环境。花丝量少时在干净地面上铺凉席等物品上摊开晾晒即可，摊开不可过厚，最厚 3～5 厘米，鲜花摊晒时，不可脚踩或紧压，要随时翻动。为了减少晾晒时间，可以采收后立刻在阳光下晒一天左右的时间，然后晾晒三至四天即可。红花量大时，要制作晾晒架子，宽 1～1.5 米，长度根据情况而定，架子上用纱布或细密的丝网作晾晒层，每 20～30 厘米左右高度一层，把花丝摊放在纱布或丝网上晾晒即可。晾晒至水分降到 13%以下即可密封存放，一般晾晒好的红花花丝，用手紧紧攥住一把花丝，手打开后花丝能立刻散开。

红花花丝晾晒干后，要把干花丝存放在不透气的塑料袋中贮藏，防止暴露空气中花丝回潮。择机销售即可。

第四节 我国红花种植分布

中国科学院植物研究所根据中国红花的栽培特点及气候条件,把中国红花划分为4个主要分布区。

一、新甘宁区

包括新疆、甘肃、宁夏。新疆是中国红花最大产区,种植面积在30400～42800公顷,占中国红花种植面积和产量的80%以上。新疆红花主要分布在塔城、昌吉、伊犁及巴音郭楞等地。红花是新疆四种主要油料作物之一,新疆气候干燥,光照充足,热量丰富,降雨量少,灌溉农业,是红花的理想生境。因此,新疆红花色泽鲜亮,种子含油率高,红花花丝和红花籽油的质量好。

甘肃省敦煌市早在20世纪30年代就将红花作为油料作物栽培,但大都仍以采花为主,由于销售问题,红花种植面积波动很大。甘肃省红花主要分布于河西走廊,陇东地区天水、定西、靖远等县也有种植。

宁夏有少量红花种植,主要分布于银川附近及半干旱地区固原等地。

二、川滇区

包括四川、云南、贵州。四川省是我国红花的另一大产区,干花产量仅次于新疆,主要分布于简阳、资阳、金堂一带,红花栽培历史较长。据《简阳县志》记载:“清乾隆时,州(简阳)产红花最盛,远商云集,州花染采,鲜艳异常”,可见当时栽培红花的盛况。1978年,红花种植面积1734公顷,干花产量达370吨。

云南西部、南部的干旱河谷地带也盛产红花,主产区为巍山、昌宁、凤庆、漾濞、保山、个旧等地,是当地农民的一种重要经济作

物，年产干花80多吨。云南种植红花已有千余年历史，红花一直是巍山的主要经济作物，年收购干花不下50吨。近几年来，云南比较重视红花的综合利用，昆明市有我国目前最大的红花黄色素生产厂，生产的色素不仅可供国内食品加工染色，而且还向国外出口，所以云南种植面积也有所扩大。

三、冀鲁豫区

包括河北、河南、山东、山西、陕西。河南省是我国历史上著名的红花产区，新乡卫辉市所产的“卫红花”在全国享有盛名。早在《博物志》中就有记载：“张骞得种子于西域今魏地也种之”，可见，河南作为我国红花产区，已有2000多年的历史。

河南1960年红花播种面积为4934公顷，1978年减少到2933公顷，产干花200吨，大部分调往外省。河南红花主要分布于新乡、安阳、商丘。新乡的延津县1965～1966年干花产量曾达90吨，而1978年仅有9吨。由于河南红花属于春播和秋播的交界地区，因此国内抗寒种质多原产于此地。

山东省1960年红花种植面积为2241公顷，1981年为1600公顷，收购干花221吨，产地集中于菏泽、济宁两个地区，主要以基地方式生产，其他地区很少种植。

河北省也有红花种植，1960年为520公顷，1978年为970公顷，干花产量56吨，主要集中于南部地区。

陕西有少量红花种植，“西安红花”是我国比较抗寒的种质之一。

四、江浙闽区

包括浙江、江苏、福建、安徽。浙江省是我国红花老产区之一，这里的干花品质好，呈金黄色，称为“杜红花”。1982年全省种植面积140公顷，主要集中于绍兴、金华、杭州地区。萧山县1982年种

植红花 46 公顷，收购干花 12.5 吨。浙江红花种植多以边角地、菜园地和山坡地零星种植。

江苏省红花种植面积也较大，1960 年栽培面积 1570 公顷，1978 年仅有 713 公顷，收购干花 56 吨。江苏红花主要集中于淮阴、盐城、扬州等地区。

安徽省红花栽培 1960 年曾达 2000 公顷，1978 年为 1000 公顷，产干花 21 吨以上。主要集中于淮北灵璧、涡阳、临泉等县。

福建省红花栽培历史较长，但产量不大，主要分布于霞浦县。

除此 4 个主要分布区外，其他省区也有少量红花栽培。内蒙古 1960 年红花栽培面积曾达 1133 公顷，1970 年栽培面积下降；近几年来引入油用红花品种，红花栽培面积有所发展。辽宁省阜新县 19 世纪末在寺庙内就有红花种植；60 年代初期红花栽培面积较大，以后逐渐减少；近几年引种油用红花品种生长良好，已开始推广。

中国红花资源丰富，分布甚广，以品质优良、花色鲜艳而驰名于世。然而长期以来只视为药材种植。近 20 年来，随着油用红花种质的引入和国内对高含油量品种的选育，筛选出很多适于中国种植的油用品种，推动了中国红花生产的发展和红花产品的开发。

第五节　红花的综合利用价值

一、药用

红花性温，味辛。主要含有黄酮类、有机酸、红花黄色素和红花红色素等主要成分。《本草纲目》中记载，红花有“活血、润燥、止痛、散肿、通经”之功效。

红花作为中药材不仅可以和其他中药配伍使用，还可对其所含成分进行提取、加工，生产多种中成药在临床上应用。其中正红

花油用于救急止痛、消炎止血;红花注射液、红花口服液用于冠心病、脉管炎等;红花黄色素胶囊用于冠心病、心绞痛等;注射用羟基红花黄色素A冻干粉末和红花总黄酮胶囊用于脑中风等疾病的治疗。在临床上,除广泛用于治疗跌打损伤、消炎止痛、疮疡肿痛、经闭、痛经、冠心病、血栓、心绞痛、脑中风等症状外,现又发现红花还能治疗糖尿病的并发症,椎动脉型颈椎病等顽症。

二、食用

红花苗还是无公害有机食品,可像叶菜类蔬菜一样食用其幼嫩地上部分,可炒食或做汤类,口感相当好。还可以像绿豆芽那样,食用其胚茎,其风味像绿豆芽。用红花花粉制成的食品具有助体力、消疲劳、美容抗衰等作用。红花中的红花黄色素和红花红色素可用作食物的天然色素。红花油在许多国家和地区已被广泛用作食品加工与食用油。红花籽油因其含有植物油中最高的亚油酸(达80%)、维生素E、黄酮类物质,人们把红花籽油誉为“三冠王”食用油,是世界公认的具有食用、医疗保健和美容作用的功能性食用油。

三、工业应用

红花花冠中所含色素大体可分为红色素和黄色素两种。红花红色素经处理后可制成各种高档化妆品,红花黄色素因水溶性好,可广泛用于真丝织物的染色,对人体有抗癌、杀菌、解毒、降压及护肤的功效。红花秸秆、籽饼柏含有较高蛋白质,营养价值与苜蓿相似,可作为肥育牲畜的饲料原料。红花油作为高级的干性油,被大量用于油漆、蜡纸、印刷油墨及润滑油。

第四章　金银花

金银花又名二花、双花、银花、忍冬花等（学名：Lonicera japonica），是忍冬科忍冬属药用植物。“金银花”一名出自《本草纲目》，由于忍冬花初开为白色，后转为黄色，因此得名金银花。药材金银花为忍冬科忍冬属植物忍冬及同属植物干燥花蕾或带初开的花。

金银花为大宗传统的中药材，不管茎、叶，还是花、果，均可入药，临床需求量大，无论是盐碱沙地、土丘荒坡，还是山岭薄地、河边堤岸，均可种植金银花，且生长旺盛，能起到美化环境、增加农民收入的作用。还具有防风固沙、保持水土、绿化荒山等作用，是药用经济型与环保生态型集一体的多功能植物，享有“国宝一枝花”的美誉。又因为一蒂二花，两条花蕊探在外，成双成对，形影不离，状如雄雌相伴，又似鸳鸯对舞，故有鸳鸯藤之称。

第一节　金银花的形态特征

金银花属多年生自立成树型或半常绿缠绕及匍匐茎的小型灌木。小枝细长，中空，藤为褐色至赤褐色。卵形叶子对生，枝叶均密生柔毛和腺毛。夏季开花，苞片叶状，唇形花有淡香，外面有柔毛和腺毛，雄蕊和花柱均伸出花冠，花成对生于叶腋，花色初为白色，渐变为黄色，黄白相映，球形浆果，熟时黑色。

金银花枝蔓长1～2米，茎细中空，多分枝。幼枝桔红褐色，密被黄褐色、开展的硬直糙毛、腺毛和短柔毛，年生长量可达2米以

上,下部常无毛。枝茎长可达9米,多分枝,老枝外皮浅紫色,新枝深紫红色,密生短柔毛。

单叶对生,无托叶,具有短柄,柄长2～7毫米,密被短柔毛。卵形或叶片纸质,长卵形,长3～8厘米,宽1～3厘米,嫩叶有短柔毛,背面灰绿色,有时卵状披针形,稀圆卵形或倒卵形,极少有1至数个钝缺,顶端尖或渐尖,少有钝、圆或微凹缺,基部圆或近心形,有糙缘毛,上面深绿色,下面淡绿色,小枝上部叶通常两面均密被短糙毛,下部叶常平滑无毛而下面多少带青灰色,网状叶脉,侧脉4～6对。

花成对腋生,总花梗通常单生于小枝上部叶腋,与叶柄等长或稍较短,下方者则长达2～4厘米,密被短柔后,并夹杂腺毛;苞片大,叶状,卵形至椭圆形,长达2～3厘米,两面均有短柔毛或有时近无毛;小苞片顶端圆形或截形,长约1毫米,离生,为萼筒的1/2～4/5,有短糙毛和腺毛;花萼筒状,萼筒长约2毫米,5裂,无毛,萼齿卵状三角形或长三角形,顶端尖而有长毛,外面和边缘都有密毛;花冠筒状,白色,有时基部向阳面呈微红,后变黄色,长(2～)3～4.5(～6)厘米,唇形,筒稍长于唇瓣,很少近等长,外被多少倒生的开展或半开展糙毛和长腺毛,上唇裂片顶端钝形,下唇带状而反曲;雄蕊和花柱均高出花冠。

花蕾呈棒状,上粗下细。外面黄白色或淡绿色,密生短柔毛。花萼细小,黄绿色,先端5裂,裂片边缘有毛。开放花朵筒状,外被短柔毛,合瓣花冠,先端二唇形,雄蕊5个,花丝长,高出花冠,上有无数花粉,附于筒壁,黄色,雌蕊1个,子房下位,两室,每室内科结种子数粒,无毛。气清香,味淡,微苦。以花蕾未开放、色黄白或绿白、无枝叶杂质者为佳。

果实浆果,呈小圆形,成对生长,直径6～7毫米,熟时紫黑色,有光泽,每个果子内有种子2～12粒,并有紫黑色浆液;种子卵圆形或椭圆形,褐色,长约3毫米,中部有1凸起的脊,两侧有浅的横沟

纹。花期4～6月(秋季亦常开花),果实成熟期在10～11月。

第二节　金银花的生物学特性

一、金银花对环境条件的需求

金银花分布范围之广,适应性之强,其对土壤、气候等要求不很严格,可以生于山坡灌丛或疏林中、乱石堆、山路旁及村庄篱笆边,海拔最高达1500米仍能正常生长。但适宜的温度、光照、水分、土壤与其产量、品质的高低好坏密切相关。

(一)温度

金银花耐寒性强,喜温暖湿润的气候,不同的温度环境对其生长生理状况、有效物质的累积有很大的影响。它可在-30℃低温存活,生长旺盛的金银花在-10℃左右的气温条件下仍有一部分叶子保持青绿色,日平均气温3℃以下时处于休眠状态,生长极其缓慢,早春日平均气温上升到5℃以上时,忍冬越冬芽即开始萌芽;随着气温的升高,芽体增大并逐渐展开新叶、抽生新枝;日平均气温上升到15℃以上时,新梢生长迅速并开始孕育花蕾;当日平均气温上升达到20℃以上时,花蕾发育成熟并相继开放,20～30℃为花蕾生长发育的最适温度,35℃以上对其生长有一定的影响。

(二)光照

光照是影响植物生长发育的重要因素,金银花喜长日照,要求年日照数在1800～1900小时,每日日照时数在7～8小时为宜。在荫蔽处,生长不良,光照不足时枝嫩细长,叶小,缠绕性增加,影响花芽分化形成,花蕾分化数量减少。日照时数多有利于金银花产量和质量的提高,因此植株外围阳光充足的枝条上花的数量较多,

种植时需要阳光充足、通风良好的条件。研究表明,坡度和坡向是影响金银花单株产量的主要生态因子,以坡度平缓且小于15°的阳坡、半阳坡为最适生态环境。

(三)水分

水分条件对忍冬枝、叶、花蕾生长发育及金银花产量、质量有重要影响。金银花耐旱性强、喜湿润,不同品种金银花都有较强的维持体内水分平衡的能力,但不同品种间能力有所差异。适度的干旱有利于金银花花蕾增重、体内绿原酸和黄酮物质的积累,随着干旱程度的加深,金银花体内绿原酸含量先迅速升高,而后不断下降。在水分胁迫条件下,金银花的枝条伸长受到抑制,花蕾总产量降低,花蕾小且不饱满,适当减少灌水量(80%的灌水量)不会导致金银花内在质量的下降,但会减少干重的积累。花期土壤含水量维持在16.2%左右,有利于金银花体内绿原酸保持在较高的水平,从而提高金银花的品质。

(四)土壤

土壤的质地及酸碱度是影响土壤肥力及其性质的重要因素,与作物栽培的关系十分密切。忍冬耐瘠薄,对土壤的适应性很广,我国南北各地、山区、平原、丘陵均能栽培,在酸性、中性、碱性土壤,片麻岩、石灰岩、角砾岩地区沙土、黏土中均能生长,幼苗期在沙壤土生长较快,但其产量与品质受土壤质地的影响。适宜pH值为5.5~7.8,在中性或偏碱性的交换性能较高、土质疏松、肥沃、排水良好的砂质壤土中生长最好。盐碱地栽培,建议选择7~8月多雨季节进行移植,容易成活。

二、金银花的生长发育期

根据对金银花的生长发育周期观察,扦插育苗的植株,一般扦

插后第二年开始开花，第三年开始形成商品。从春季萌芽至次年春天萌芽前，依据金银花生长期间不同阶段植株器官建成和生长发育状况，其生育时期划分为萌芽期、春梢生长期、春花期（第一茬花期）、夏初新梢生长期、夏初花期（第二茬花期）、夏末新梢生长期、夏末花期（第三茬花期）、秋梢生长期、秋花期（第四茬花期）、冬前与越冬期，10个生长时期。各生育时期因为时期和气温不同，所以各级新梢生长时间不同，春梢生长期气温低，生长期时间最长，夏末新植和秋稍生长时间相当；各茬花期时间基本连续，即连续性，但花期比去年集中，利于采摘管理，主要是去年终剪较重造成各级枝生长期重叠。各茬花持续时间不同，二、三茬花较不集中，持续时间较长，采摘期长。

三、金银花的生长发育特性

（一）根的生长

金银花根系发达，主要集中在30厘米以内的上层土壤中。延伸根通常粗0.5～0.8厘米，须根发达，吸收根量大。根系生长在一年里有2次高峰期，一次在4～5月，另一次在7～9月，11月根系停止生长。根的分枝一年能出现3～5次，吸收根寿命短，须根也易老化死亡。故每年冬季和夏季宜深翻植株周围土壤，以利于根系的更新。金银花具有落地生根的习性，插枝和下垂触地的枝在适宜的温度下不出15天便可生根。3年生的花墩能长出200多个枝条，而且根系发达，直径达80～100厘米，根深可达30～35厘米，主要根系分布在5～20厘米深的表土层中，须根则多在5～10厘米的表土层中生长。

（二）芽的生长

芽通常生长在新梢叶叶腋以及多年生枝茎节处，多为混合芽。

除越冬芽由于气温降低，当年不能萌发外，一般一年中都能多次萌发、抽梢、现蕾。金银花在早春日平均气温上升到5℃左右时就进入萌芽期，每年出现两次萌芽高峰，第一次在3月份的上中旬，第二次在10月份的上中旬。晚秋萌芽多于越冬前叶片展开，第二年温度升高后大部分越冬芽可形成果花枝。初冬和早春，在主茎干基部和骨干枝分支处，以及多年生枝条茎节处，经常生长多个不定芽，萌发后有可能发育徒长枝，应及早去除。

（三）枝的生长

金银花的枝在自然状态下可生长至2～4米，经人为管理修剪，枝在0.15～1.00米不等。金银花的每次萌芽，都有发育为果枝的遗传基础，都有现蕾开花的可能，但由于营养水平高低不同及管理技术高低差异，分别会发育成结果枝、营养枝、徒长枝或叶丛枝。植株茎多分枝，生长年限超过1年时就发生木质化，嫩枝绿色，密被柔毛，木质化枝条淡红褐色，柔毛褪尽，多年生老枝灰褐色，随着枝条木质化程度提高，枝条髓腔逐渐变小，最后接近消失。皮呈长条状剥落，新皮生出，老皮即逐渐撕裂掉落，老皮剥裂一年一次。分枝多、角度较开张，树冠上部的枝条有轻度的缠绕性，多右缠。

金银花一至三级枝条生长动态。枝条长度变化呈"S"型曲线，由于一级枝生长期间温度较低，所以生长时间最长，共45天左右，枝条长度也最长，为接近60厘米。二、三级枝生长时间相当，分别在24～22天，但二级枝长度较长，为57厘米左右，与一级枝相当。冬剪采取轻剪方式，所以各级枝条生长期间有6～10天间隔期，冬季重剪后有3～7天的生长重叠期。各级枝条节数、着花节数和粗度随着枝条生长逐渐增加，观察到当枝条停止生长后，粗度还会缓慢增加。一级枝的枝条节数、着花节数比二级枝多4节左右，二级枝比三级枝多2.5节左右。各级枝一般从第4节或第5节开始现蕾，有的三级枝从第3节就开始现蕾。各级枝条停止生长后，一级

枝条粗度 4 毫米左右，二级枝条 3 毫米左右，三级枝条 2.8 毫米左右。一至三级枝条长度、粗度、节数和着花节数依次减小，说明各级枝条生长势逐渐减弱，这是各茬花产量逐渐减少的重要原因。另外观察发现，有的长度较长的二、三级枝条生长末期，枝条末端1～3节并无花蕾产生，生长较弱，主要是营养供应不足造成的。

(四)茎的生长

主干和多年生老枝称为茎，分为主茎和侧茎，均为灰色或灰白色。主茎和侧茎构成地上部分的骨架，支撑树体，输送水分和营养物质，承担产量，是高产的基础。因品种不同，主干直立性不等。一般在土层深厚、肥沃的砂壤或轻壤土地，栽植后前 5 年内，主干每年可增粗 1 厘米左右。

(五)叶的生长

金银花单叶对生，卵形至长卵状椭圆形，两面被短毛，上面深绿色，下面浅绿色，花枝上的单叶叶面积由基部到第一个着花节呈现逐步增大的趋势，而从第一个着花节至枝梢又依次减小。7 年生植株叶长 3.0～5.1 厘米，叶宽 2.1～3.5 厘米，平均单叶面积 11.41 平方厘米。一般来说，提高植株单位叶面积，可增大植株吸收光照面积，能达到增产的目的，反之，如叶片过多过密，就会造成遮光蔽荫，影响光合作用。减弱同化作用，相对的异化作用增强，呼吸消耗增大，合成物质积累少消耗多不利增产。

(六)花的发育及结花习性

金银花花的产生(成花过程)

金银花开花时老枝上不产生花芽，全部花芽都是由新发枝条产生。一般以新生枝开始萌发作为花芽分化起始时间。花芽分化的次序是从枝条的下部依次向上进行。在整个开花过程中，首先

从新枝上的花枝节(一般是第 4 或 5 节位开始)开花,每间隔 1～2 天可依次向上一节出现新花。

金银花花的生长发育

金银花植株从现蕾到花开放可分六个阶段:即米花期(幼蕾期)、三青期、二白期、大白期、银花期、金花期。金银花的花蕾产生后不断生长,首先进入米花期,这时候的花蕾很小形如米粒,为青色。之后进入三青期,这时候花蕾为长棒状,花蕾前端开始膨大,微向内弯曲,绿色,密被绒毛。三青期过后为二白期,这时的花蕾前端明显膨大,向内弯曲,绿白色,其他处绿色且可见密被绒毛。二白期后进入大白期,这时花蕾更长、前端膨大很明显,整个花蕾几乎全部白色,只有基部稍微发青,含苞待放,这一时期持续很短,一般 1 天左右。花蕾一旦开放就进入银花期,初开放时为白色,花筒状,二唇形,上唇四裂直立,下唇舌状反转白色。1～2 天后花色变为黄色,进入金花期,花从银白色逐渐变金黄色,之后颜色逐渐变为棕褐色而萎缩凋谢。所以掌握的金银花的采摘时机非常重要,需要提前准备好人工,在金银花朵的最佳采摘期进行采摘,保证实现金银花高品质、高效益。

金银花花蕾发育时期,因为各茬花发育期间的温度不同,所以各个花蕾时期的持续时间也不相同。第一茬花持续时间最长,为 28 天,第二茬花 22 天,第三茬花 19 天。

花芽分化完成后,随后就不断发育。生产中人为地将花蕾生长伸长过程划分为米蕾期、三青期、二白期、大白期 4 个时期,开放后的花蕾进入银花期,银花经 1～3 天后,颜色加深,变为金黄色,此时称为金花期,随后花冠枯萎脱落,结束整个花期。不同时期花的重量、有效成分的含量均不同,研究表明,以绿原酸为指标,花蕾的早期阶段(即三青期)为金银花的最佳采收时期,可是由于三青期花蕾小,产量低,一般以三青至大白时期作为金银花的主要采收时期。5～10 月份为忍冬植株花蕾的形成与开放时期,并有明显的分

期性，一般只要合理的施肥以及精细修剪，均能产出四茬花，甚至可结五茬花。但随着茬次的增加，产量逐步下降。据报道，第 1 茬花的数量占年度总产量的近 90%，第 4 茬花的数量仅占年度总产值的 2.5%以下，因此为确保年度药材总产量，应引起对第 1 茬花的重视。同时，金银花植株各分茬期的持续时间在逐渐减少，分茬期也随着生长季节的推移而表现得越来越不明显。据报道，一、二茬花期之间的时间间隔为 26 天，三、四茬花期之间的间隔时间仅为 9 天，这可能与植株的营养状况及花蕾数量的多少有关。

各茬花花蕾生长动态趋于一致，生长由慢逐渐加快，但所需时间不同，花蕾长度依次减小，这也是造成各茬花花蕾千蕾重减小的原因之一。米花期花蕾<1 厘米，生长最慢，日增量约 0.1 厘米，需要时间最长，各茬花分别需要 15、11、8 天，三青期 1～3.5 厘米，生长逐渐加快，日增量从 0.2 厘米到 0.5 厘米以上，各茬花分别需要 7、6、6 天；二白期 3.5～5 厘米，生长慢于三青期末期，一茬花需 2 天，二、三茬花均 1 天；大白期 5～6 厘米，生长加快，日增量 0.6～0.8 厘米，需要时间最短，各茬花均需 1 天；花蕾傍晚开放后进入银花期，从大白期到银花期仅需 1 天左右，生长最快，日增量 0.7～0.8 厘米。

金银花更新性强，老枝衰退新枝很快形成，具有多级分支、多次分化花芽的开花习性，属于无限生长类型。就整棵植株而言，内膛长壮枝花蕾首先开放，外围短果枝开放迟。在同一果枝上，一般从基部以上 4～5 棚叶腋处（多茬花常见于 2～3 棚处）出现花蕾。花蕾自下而上逐次开放，每天开放一棚。一条结果枝一般开花 6～8 棚，最多达 14 棚。但金银花花蕾只能着生在新生的分枝上，且新生的枝条过长或过短会造成花蕾很少甚至没有花蕾的形成。一般枝长在 15～75 厘米、枝直径在 0.15～0.25 毫米的枝条，着生的花蕾较多。自然生长的金银花由于生长茂密，通风透光性差，徒长枝多，花蕾数量少，产量低。因此，金银花要丰产，合理施肥和精细修

剪很关键。

在各茬花的盛花期的花鲜重、干蕾重依次减小，但变化趋势一致，从三青期开始增加，到银花期花蕾已充分发有时达到最大，金花期约有降低；但折干率三青期时最高，以后开始逐渐降低，说明干物质积累增加，含水量也增加，花蕾生长发育期间需要大量的水，所以在此期间提供足量的水对提高金银花产量有很大贡献。实际生产管理时，根据天气及土壤墒情，在金银花各级分枝萌芽生长时就应及时施肥和浇水。

由于不同发育时期的花蕾鲜重、干蕾重相差很大，而对应商品的市场价格相差也很大，所以会导致不同商品的采摘成本、烘烤加工成本及收益相差很大。三青期采摘收益最好，银花期、金花期采摘亏本。因此大规模生产时，在采摘前应充分合理组织好采摘工人，尽量以采摘三青期至二白期花蕾（且此时花蕾有效成分较高，品质好）为宜，不要让花蕾开放，否则，采摘开放花蕾的比例越多，表面上貌似产量增加了不少，但是实质上成本大增，亏得越多。当然高的商品价格需要好的烘烤，所以还要重视烘烤加工质量。

（七）果实及种子特性。

幼小果实长椭圆形，绿色，成熟时近圆形，蓝绿色有光泽，直径6～7毫米，浆果，果熟期10～11月。种子小，外部形状不规则，呈扁平状，表面较光滑，显角质而有光泽，棕黑色。种子营养成分有糖类、脂肪、蛋白质等，还有0.7%～0.9%的绿原酸，主要分布在种皮中，有一定程度的休眠性，种子寿命短且不易久藏。为促进种子萌发，可将种子在-3.4～4.2℃的低温处理130天，发芽率可达70.5%，处理前后种子胚率从41.57%上升至53.07%；利用500mg/L赤霉素丙酮溶液浸泡48小时，发芽率可提高至86%。研究表明，金银花种子最低萌发温度为7～10℃，最适萌发温度为20～30℃，萌发期间PAL活性变化与绿原酸含量变化有密切关系，

且储藏的时间越长，发芽率越低。

第三节　金银花栽培技术

一、金银花种植区域分布及品种类型

金银花适应性强，种植面积广，在山东、河南、河北、陕西、湖北等地均有大面积的种植。因各地地理位置、气候环境等差异，培育出具有当地特色的栽培模式及特色品种。山东农家品种有10余个，大体上可划分为墩花系、中间系及秧花系三大品系；主要栽培模式为簇墩形，即枝蔓簇状成墩，该栽培模式省时省工，管理技术简单，且匍匐在地上的枝蔓可不断萌发新枝条、生根，生命力强，但透光通气性差，且不易采摘、产量低，适于丘陵、风沙地、地边等；主要农家品种有大毛花、小毛花、大鸡爪花、小鸡爪花、大麻叶、小麻叶等，其中大鸡爪花、大毛花为生产用良种，单产高、品质好。河南省主产区主要有线花、毛花两大品系，根据金银花植株的树冠、枝条变异情况、叶及花的变异等，划分出9个品种类型，其中主要品系有大毛花、青毛花、长线花和线花品种类型，其中以大毛花为主，该品种产量高，直立性强，是封丘种植的传统药材。河北在原有墩型的基础上培育修剪出树形金银花，邢台市巨鹿县经过人工选育的“巨花一号”新品种，现在是河北省的主要栽培品种，该品种叶片大而薄、边毛长、叶色深绿，花蕾长而弯曲，花朵肥大、品质优良，单产较高。湖北、陕南等地栽培模式主要为立杆辅助型、篱架吊蔓形，这样既可以充分利用立体空间，通风透光，又便于采摘和修剪，同时提高产量和质量，适用于平原、低洼潮湿地带，但单株树形栽培易受病虫危害造成枯死缺株。

二、土壤选择

栽培金银花，需选择适合金银花生长习性的土壤，通常选择通

风向阳、能灌能排、土壤疏松肥沃、土层深厚的地块，pH 值 6.5～7.5 为好。选择土地后需对土地进行整理，首先需施农家肥 3000～5000 千克或有机质含量 30%以上的商品有机肥 1000 千克，深翻或沟施均可，耙盖严实、平整。

三、繁殖育苗

(一)制作苗床

选择地势平坦、土层深厚、排灌方便的砂壤土或轻壤土，育苗前亩施腐熟好的有机肥 3000 千克，过磷酸钙 50 千克或磷酸二胺 20 千克，并用细耙进行深翻，做成平畦，长 10～15 米左右，宽度 1.5 米左右，用作育苗。苗床最好东西方向，夏秋高温季节便于遮阳。在整地过程中，可穴状进行栽植，穴行间距为 90×150 厘米，大小为 40×40 厘米，每穴施肥 5 千克，并与土进行拌和，做好准备工作方可进行金银花栽植。

(二)繁殖方法

金银花有 2 种繁殖方法，一是种子繁殖，二是扦插繁殖。相较于种子繁殖，扦插繁殖更为简便，且进度更快，更易快速收成，因此在生产金银花的过程中普遍采用扦插繁殖方法。扦插繁殖，主要包括扦插育苗移栽、直接扦插，直接扦插的方法更为简单便捷，但金银花的成活率较低。

第一，扦插育苗：金银花枝条容易发根，再生能力强，成活率高，目前多数都用此法育苗。除冬季外，其他 3 个季节均可以进行扦插育苗，尤其是秋季 9～10 月，这个季节的地温要比气温稍高一些，高 3～5℃，有助于插条伤口愈合，且此时金银花生根发达，成活率较高；春季扦插育苗要在平均气温稳定到 5℃以上时进行。进行扦插育苗移栽时，首先需选择一年生以上的枝条，要求生长健壮、

充实、发育良好，这种枝条一般为棕褐色，有青绿色的纵列，直径0.4～0.7厘米。将其剪成30厘米左右长用作插穗，每穗最少保留3个节位，将下端近节处削成平滑的斜面，用300mg/L的NAA溶液浸蘸下端，然后扦插。插穗也可以结合夏季及冬季修剪进行采集。进行苗床开沟时，需保证行距为30厘米、深为25厘米，且株距需在10～15厘米，将插穗垂直扦插于沟内，埋土大概2/3，并需确保泥土覆盖较为踏实，随后进行浇水，让插条与土壤紧实密接，确保土壤湿润，成活率可达90%以上。

插后春季20天，夏、秋10～12天即萌发新根。据试验，春插先发芽后生根，夏秋插先生根后发芽。要保持地面湿润，防止板结。经常喷水、松土、除草。新梢长到15～20厘米即行摘心，促发新枝，一般进行3～4次。1月左右追施尿素1次，每亩5～7.5千克，以后视情况再追肥1～2次，一般3～5个月出圃。

第二，种子育苗：种子育苗一般在7～11月，果实成熟采摘，去掉果皮、果肉以及秕籽，只留饱满的种子进行晾干与贮存，便于后续进行播种。冬季播种种子可以在口袋中干藏，上冻前播种。春季播种的种子要采用沙藏方法存放，沙藏方法为：选择地势较高，土层深厚，向阳背阴的南墙根，挖深40厘米、宽50厘米的沟，长度根据种子需要而定。先在沟底铺5～6厘米的湿沙，沙子的湿度以手握成团、松手即散为宜，然后将1∶4种子与沙子混匀后撒在沟内，然后覆盖一层草席，再盖10厘米左右的沙子，上面覆盖15厘米左右厚的土，堆成圆弧形即可。种子砂藏时间一般为35～45天，期间要注意检查，前期水分不宜过大，立春后如果干燥可适度洒水，注意保墒，适期播种。播种时间多为4月上中旬，首先需将种子浸泡24小时，水温需保持在35～40℃，然后把种子捞出，混入两三倍的湿沙中，确保温度适宜，放置一旁催芽，大概14天左右便可完成催芽，待种子裂口，便可进行播种。一般情况下，每亩用种量约1千克左右，播种时，首先需开浅沟，确保行距为20厘米，然后均匀地撒

种子,后覆盖0.5厘米厚的泥土,进行稍稍压实,畦面盖稻草或谷草保湿,需定期进行喷水,大概二、三天喷水1次,10天左右便可出苗。出苗后可进行追肥,及时除草、松土。当苗高8～10厘米,调整株距为10～15厘米,苗高于20厘米时,则进行打顶,促发新分枝,以确保苗子主干粗壮、分枝多,待秋后或者来年春季进行移植。

第三,直接扦插,首先需选择插穗,然后将其插入田中。直接扦插多在高温多雨的季节进行,如此能有效保证成活率。进行扦插时,需保证穴深为25～30厘米,穴直径为30厘米,穴行距为90×150厘米,通常每穴三角形扦插3支插穗,埋土为2/3,并进行浇水,成活后每穴三角形固定种植1株。

无论是扦插育苗,还是种子育苗,成苗后均需将其移栽到大田中,一般春季进行移栽,最好在3月上旬;秋季进行移栽,最好在9月中旬至10月下旬,将种苗移栽到地块上。株行距90～150厘米,穴栽,1穴1株,并压实泥土,及时进行浇水,以确保其成活率。

(三)移栽

移栽宜在早春萌发前或秋冬季休眠期进行。大田栽植行距一般为2米、株距1.5米,定植穴长宽深30～40厘米,每亩栽200～240株。栽植前将足量的基肥与细土拌匀施入栽植穴中,每穴栽植健壮苗1株,填土压紧、踏实,浇足浇透定根水。

四、田间管理

(一)栽后管理

当扦插、移栽成活后,第1年和第2年需中耕除草,即清除植株周边的杂草,除草后再进行松土,通常中耕除草多在立夏前后进行。

(二)浇水

金银花耐旱性强、喜湿润、光照,需保证土壤湿度,以促进其生长与生产。不同生长发育期对水的需求不同。一般在每次孕蕾期间要控制浇水,适当干旱,以提高金银花绿原酸的含量。但在初春萌芽及初冬都要保证水分供应,对此,应按期进行浇水,入冬前需浇1次水起到防冻效果,萌发前再进行1次浇水,以促进其发芽;夏剪后应结合追肥,进行浇水,促进其生长。在多雨季节,要注意排水,长时间田间积水,会影响根系吸收养分及植株正常生长,并造成病害严重发生。

(三)合理施肥

金银花是多年生、一年多次现蕾开花的植物,其生长及枝条上花芽分化、植株营养积累必须依靠足够的营养元素供应。应当在一年内多次施肥。晚秋初冬重点使用有机肥,配合少量氮磷钾复合肥,每亩施腐熟的农家肥1500～2500千克、饼肥50～100千克与复合肥肥20～30千克。具体施肥方法:在树冠两侧垂直投影处挖长60～80厘米、宽30～40厘米、深30～40厘米的条状沟,将肥料与一半坑土掺匀后填入沟内,然后填入另一半坑土。

金银花生长期追肥要根据其发育情况以及采花需要,每年3～4次,第一次在早春萌芽前后进行,以后在每次采收花蕾后追肥,每亩追施各15个含量45%氮磷钾复合肥30～50千克,植株小的时候要减少施肥。具体施肥方法:在树冠两侧垂直投影处挖5～6个深15厘米的小穴,施入肥料后立即浇水。在金银花春季萌芽后新梢生长旺盛期及每次夏季剪枝新梢长出后,可以喷施1%的尿素加0.2%磷酸二氢钾混合溶液,进行叶面追肥。

(四)整形修剪

金银花株型修剪与果树一样非常重要,关系到金银花实现早

结花、高产优质。

要科学合理对金银花进行修剪。修剪时，需保证金银花棵形直立，且群枝离地，要清除内膛无效枝，适当留下外围枝，以确保株型美观。

(1)幼树修剪：栽植后1～3年的幼树应当以整形为中心，栽植后一年幼树，春季萌发的新枝，从其中选择一条粗壮直立的枝条作为主干培养，当长到25厘米左右时，进行灭顶去尖，促发侧枝，从众多侧枝中选取3个粗壮枝条培育成一级骨干枝，同时要掰除下部徒长枝丫，并采用同样过程培育中心主干和二级分枝。

修剪时期以冬季修剪为主，生长季修剪为辅。

第一年冬，根据选好的墩型，选出健壮的枝条，自然圆头形状的留主枝一个，伞形的留三个，每个枝条留3～5个节，剪去上部，其余枝条全部剪除。

第二年冬，自然圆头形状的主干枝条选留2～3个为一级骨干枝，伞形的选留6～7个为一级骨干枝，每个枝条留3～5节剪去上部。一级骨干枝要求：基部直径在0.5厘米以上，角度在30～40度，均匀一致的分布、错落有致。其他枝条一律剪除。

第三年冬，每株在一级骨干枝上选留10～15个二级骨干枝。然后再留三级骨干枝。

(2)成年树修剪：栽植进入第四年后金银花即进入盛花生长期，要继续培养主干、骨干枝，扩大树冠，一般每年修剪3次。

·入冬后到第二年早春进行第一次修剪，这次修剪尽量简便轻修剪，剪去花枝的1/3，剪除枯枝、病虫枝、徒长枝。早春萌芽后及时疏剪植株下部的徒长芽、徒长枝，4月前可以对徒长枝掐尖促发为正常花枝。

·第一茬金银花采摘结束后进行第二次修剪，一般在六月份进行。此次修剪要适当重修剪，将老枝截去一半，同时疏除下部内堂弱枝、交叉重叠枝，让植株通风透光。

·第二茬花采摘完成后进行第三次修剪，一般在7月中下旬，这次修剪要做到细，剪截所有花枝，保留新生芽，疏剪阴枝、植株内堂弱枝和徒长枝。如果树冠郁闭不透光，应当大枝回缩或疏减，保证植株通风透光。

(3)老龄树修剪：树龄20年以上的金银花植株，修剪时除留下足够的结花母枝之外，要重点对骨干枝进行更新复壮，促发新枝，采取疏截并用、抑前促后的策略，实现稳定金银花的产量的目的。

五、病虫防治

金银花与其他农作物不同，在整个生长季节都要进行病虫害防治，并且病虫害的种类相对复杂、多样。要保证金银花的产量，又要保证金银花的药用价值，采用科学合理的防治技术十分必要。积极推广金银花绿色防控技术，金银花的病虫害防治以“预防为主，综合防治”的植保方针为原则，通过选用抗性品种，培育壮苗，加强栽培管理，科学施肥等栽培措施，综合采用农业防治、物理防治、生物防治，配合科学合理地使用化学防治，将有害生物危害控制在允许范围以内。农药安全使用间隔期遵守GB/T 8321.1－7，没有标明安全间隔期的农药品种，收获前30天停止使用，农药的混剂执行其中残留性最大的有效成分的安全间隔期。科学使用高效低毒低残留农药，综合运用各种防治措施，减少农药残留，符合GAP要求，提高金银花的品质。

(一)褐斑病

褐斑病菌危害叶片，叶上病斑呈圆形或多角形，黄褐色，直径5～20毫米，在潮湿条件下叶片背面生有灰色霉状物。

(1)农业防治：发病初期及时摘除病叶，或冬季结合修剪整枝，将病枝落叶集中烧毁或深埋土中；加强田间栽培管理，雨后及时排出田间积水，清除植株基部周围杂草，保证通风透光；增施有机肥

料，达到植株健康粗壮，提高植株自身的抗病能力。

(2)化学防治：从6月中下旬于发病初期开始，采取适期早用药、早保护防治的策略。在发病初期或根据以往发病规律预计临发病前开始喷药保护，保护性药剂选用50%多菌灵600倍液，或70%甲基硫菌灵1000倍液，或75%代森锰锌(全络合态)800倍液，或1∶1∶200波尔多液；治疗性药剂选用25%咪鲜胺1000倍液，或10%苯醚甲环唑1500倍液，或25吡唑醚菌酯2500倍液，或25嘧菌酯1500倍液等喷雾。每7～10天喷洒1次，一般连续喷治2～3次即可控制病情。

(二)白粉病

该病主要为害叶片，有时也为害茎和花。叶片上病斑初为白色小点，后扩展为白色粉状霉层，后期呈灰褐色坏死，严重时叶片发黄变形卷曲、落叶；茎上病斑褐色，不规则形，上生有白粉；花受害后扭曲变形，严重时脱落。病菌以子囊在病残体上越冬，第二年子囊壳释放子囊孢子随风雨传播，进行侵染，发病后病部又产生分生孢子进行再侵染。温暖湿润或株间荫蔽易发病，施用氮肥过多引起植株枝条密集细弱易发病。

(1)农业防治：选用抗病品种，合理密植，整形修枝，通风透光，不使植株过于荫蔽；施肥时应注意配方施肥，氮肥施用量不要过多，以免植株生长茂密，枝条细弱，造成发病较重。

(2)生物防治：初显症状时及时用2%农抗120(嘧啶核苷类抗菌素)水剂或1%武夷菌素水剂150倍液，或1%蛇床子素500倍液等喷雾，每7～10天喷洒1次，一般连续喷治2～3次。

(3)化学防治：在发病初期及时用药，保护药剂选用50%多菌灵可湿性粉剂500倍液，或50%胶体硫100g/亩兑水20kg等；发病后治疗药剂科选用唑类杀菌剂(15%粉锈宁可湿性粉剂1200倍液、或10%苯醚甲环唑2000倍液、或25%丙环唑2500倍液、或25%戊

唑醇2000倍液等),或用25%嘧菌酯1500倍液、或25%吡唑嘧菌酯2500倍液等喷雾防治,视病情掌握喷药次数,一般10天左右一次,共喷2～3次。

(三)枯萎病

当连续阴雨空气潮湿时,病株在田间表现为部分当年生枝条,特别是顶梢下部2～3个枝条开始和下垂荫蔽枝条茎节处和花梗端产生不规则形粉白色或褐色菌膜物,此后枝条茎节部的叶柄首先开始变褐、大多数叶片从叶缘和叶尖逐渐向里干枯变黄直至叶片脱落,在落叶叶痕处也溢出白色的菌丝。剖开枝条可见从枝条节部的维管束向上和向下蔓延横向可见维管束变为褐色,纵向切面可见枝条维管束呈条纹状枯萎,引起金银花枝条的枯死,10月份病害发生停止。发病轻的金银花枝条发芽少、生长弱且呈黄色,部分病枝干枯不发芽,严重者整株枯死。初步认为病菌首先侵染上部叶片和枝条,在茎节处首先出现症状,然后沿茎节处侵入维管束造成植株部分骨干枝死亡,继而造成整株死亡的病变过程,田间多表现为整株发病,一般随种植年限的增加呈加重趋势。轻病株全株叶片叶色变浅发黄,茎基部表皮呈浅褐色,维管束基本不变色,随着病情加重,整株颜色变黄愈加明显,中上部叶片受害更重,有的叶缘变褐枯死,茎基部表皮呈黑褐色,内部维管束轻微变色,典型病株花蕾少而小;重病株主干及老枝条上叶片大部分变黄脱落,新抽出的嫩枝条变细、节间缩短,叶片小且皱缩,甚至全株枯死,或某一枝秆或半边萎蔫干枯。

该病害与金银花栽植模式、生长环境与品种关系密切,凡是6月底7月初出现高温高湿环境,栽植密度大、防治不及时,病害就开始新一年的初侵染,导致秋季和第二年春天金银花枝条的不萌芽和大量枯死,影响金银花产量和质量。不同立地条件病害的发生程度也不同,凡是平原栽植、密度大、单株枝条过密的地块病害发

生严重，而栽植在丘陵斜坡地、光照充足、树型小、通风、密度较小的地块病害发生轻。不同金银花品种与病害的发生关系密切。所以在该病防治上要以农业防治为主，选用抗病品种，合理密植，精细整枝。

药剂防治：对重病株应将其挖出带出田外，同时在树坑内撒入生石灰进行消毒。发病初期病株，用100倍液的4%农抗120进行灌根处理。

（四）蚜虫

为害金银花的蚜虫主要是中华忍冬圆尾蚜和胡萝卜微管蚜。以成虫、幼虫群集于叶背，刺吸叶片汁液，造成叶片畸形卷缩，金银花花蕾被害，花蕾畸形。同时蚜虫还分泌蜜露，导致烟霉病发生，影响光合作用，严重影响金银花的产量及品质。以卵在金银花枝条上越冬，早春越冬卵孵化出幼虫开始为害，4～7月为危害盛期。10月有翅性母和雄蚜由伞形花科植物向金银花上迁飞。10～11月雌雄蚜交配，产卵越冬。

防治方法如下。

（1）农业防治：清洁田园，将枯枝、烂叶集中烧毁或掩埋。

（2）物理防治：在有翅蚜发生初期，在田间悬挂5厘米宽的银灰色塑料膜条趋避；也可在田间悬挂黄板诱杀。

（3）生物防治：在保护利用瓢虫等蚜虫天敌基础上，蚜虫发生初期用1.5%天然除虫菊素1000倍液，或1%蛇床子素500倍液，或0.36%苦参碱800倍液等植物源药剂喷雾防治；也可在蚜虫发生初期释放蚜茧蜂防治。

（4）化学防治：选用新烟碱类制剂（10%吡虫啉1000倍液、或5%啶虫脒1500倍液、或25%噻嗪酮2000倍液），或用2.5%联苯菊酯2000倍液、或24%螺虫乙酯5000倍液喷雾防治，要注意交替用药，防止产生抗药性。

(五)忍冬细蛾

幼虫孵化后即从卵壳下潜入叶下表皮为害,取食叶肉组织,初期与叶上表皮紧连的叶绿素组织未被破坏,叶片正面观正常,但翻转叶片背面观,可见许多大小不等的白色囊状椭圆形虫斑,随着虫龄期的增加,叶正面的叶绿素组织部分被破坏,下表皮失水皱缩,使叶片向背面弯折,内有黑色虫粪,叶正面被虫为害部分则形成黑色斑,影响光合作用。发生严重时,造成叶片大量脱落,影响树势,使金银花产量及品质下降。该虫河北中南部、河南北部每年发生4代,以幼虫在枯叶、老叶内越冬。4月上中旬,越冬幼虫开始活动,4月中下旬化蛹,4月下旬5月上旬羽化为成虫。5月上中旬、6月下旬7月上旬、8月中下旬、9月下旬10月上旬分别为第1代、第2代、第3代、第4代幼虫盛期,即危害高峰期。10月中下旬陆续进入越冬期。

防治方法如下。

(1)农业防治:秋冬季结合金银花的修剪,清除落叶,并将剪下的枝条带出田外彻底销毁,以压低越冬虫源基数,减轻发生。

(2)药剂防治:忍冬细蛾有随着代数的增加危害明显加重的特点,所以应注意前期防治。在越冬代、第1代成虫盛期,可用25%灭幼脲3号胶悬剂3000倍液喷雾或各代卵孵盛期用1.8%阿维菌素2000～2500倍液喷雾。金银花为丛生藤本灌木,枝叶茂密,在喷雾时应尽可能将药液喷匀、喷透,特别是基部老叶也应喷到。

(六)棉铃虫

棉铃虫为取食金银花蕾的主要害虫,每头棉铃虫幼虫一生可咬食几十个甚至上百个花蕾,花蕾被棉铃虫幼虫咬食后,形成空洞,不仅品质下降,而且容易脱落,直接造成产量损失。在河北中南部、山东中部、河南北部该虫每年4代,以蛹在5～15厘米深的土

壤内越冬。次年4月下旬至5月中旬,越冬代成虫羽化,第1代幼虫盛发期在5月下旬至6月上旬,此时正是第1茬花期。6月下旬至7月中旬为第2代幼虫危害期,8月上中旬、9月上中旬分别为第3代、第4代棉铃虫幼虫危害期,9月下旬开始陆续进入越冬。

(1)农业防治:及时修剪,清除枯枝烂叶,集中进行烧毁,减少害虫基数,减轻发生程度。

(2)物理防治:利用棉铃虫成虫趋光性,在成虫产卵前利用黑光灯、高压汞灯等进行灯光诱杀;也可用性诱剂诱杀雄蛾,降低交配,可大量减少落卵量。

(3)生物防治:在卵孵化盛期或低领幼虫期,用100亿/g青虫菌粉剂1000倍液、或100亿/g苏云杆菌600倍液,或用2.5%多杀霉素1000倍液、20亿PIB/ml核型多角体病毒500倍液,或用0.36%苦参碱800倍液、15%茚虫威1500倍液等植物源药剂喷雾防治,或用20%虫酰肼1500倍液、25%灭幼脲3号2000倍液喷雾防治。

(4)化学防治:棉铃虫幼虫可用4.5%溴氰菊酯1000倍液、或2.5%联苯菊酯2000倍液等菊酯类药剂喷雾防治;也可用20%氯虫苯甲酰胺3000倍、或19%溴氰虫酰胺4000倍、或3%甲氨基阿维菌素苯甲酸盐3000倍液喷雾防治。每代棉铃虫卵孵化盛期及低领幼虫期7天左右喷一次,连续喷2~3次即可,注意交替用药并合理复配,延缓抗药性产生。

(七)蛴螬

以铜绿丽金龟甲、暗黑鳃金龟甲等为主。主要以幼虫咬食金银花植株的根系,造成植株营养不良,植株衰退或枯萎而死,成虫则以花、叶为食。一年发生一代,以幼虫在土壤中越冬。

(1)农业防治:上冻前将金银花田进行一次深翻,将蛴螬越冬虫翻出地面,把害虫冻死,减少越冬基数。

(2)物理防治:灯光诱杀,蛴螬成虫金龟子有较强趋光性,在金银花基地附近安装杀虫灯,进行诱杀;夜间在田间用灯光,成虫集中在灯光下,进行人工扑杀。

(3)化学防治:一是毒土防治,每亩用50%辛硫磷乳油250g与80%敌敌畏乳油250g混合,与10千克细砂土混匀撒施在田间后浇水。二是喷灌防治,在每年的3月底4月初成虫出现时喷施25%高效氯氟氰菊酯800倍液,或用50%辛硫磷乳油1000倍液进行田间灌根除治幼虫。成虫可用4.5%溴氰菊酯乳油1000倍液、或2.5%联苯菊酯乳油2000倍液等菊酯类药剂喷雾防治;或用20%氯虫苯甲酰胺3000倍、或19%溴氰虫酰胺4000倍、或3%甲氨基阿维菌素苯甲酸盐3000倍液喷雾防治。

不同病虫同时发生时,可根据虫情同时采取综合防治措施控制病虫,减少用药,提高防治效果。

第四节 金银花的采收与加工

一、采收

金银花属无限花序,花蕾发育不一致,同一茬花一般需持续开15天左右,通过夏剪还可促使植株1年开3～4茬花。适时采摘花蕾,是提高金银花产量和质量的关键。采摘期以花蕾上部膨大呈白色、下部呈青色(又称“二白针期”、白蕾前期,其花蕾上白下青)或全花变白(又称“大白针期”、白蕾期,其花蕾上下全白)为好,因未开放时产量、质量、绿原酸含量最高。采得过早,花蕾青绿嫩小,过晚则花蕾开放变黄,二者都会引起干重减轻、品质下降。金银花多在下午4～5时开放,采摘应选晴天上午(露水干后)进行,按先外后内、先下后上的顺序,分期分批将成熟未开花蕾从花序基部采下。同一茬花一般分三批采完。盛花器具要用竹篮、竹筐(保证透

气通光),不可用尼龙袋等不透气的袋子盛花。采下的花蕾不可堆成大堆,应摊开放置,防止压坏或闷坏花朵影响质量。放置时间不能太长,最长不要超过 4 小时。采摘时要做到轻摘、轻握、轻放,不带幼蕾,不连枝带叶,不手压脚踏,不随意翻动,以提高产品质量。

二、加工

金银花采回后要立即晒干或烘干,以烘干法加工最佳。实践证明,烘干加工比晒干的成品率高,质量好,且不受外界天气影响,是提高产品质量的一项有效措施。

(1)晒干。将采回的花蕾薄薄摊放在晒席上晾晒,厚度以 3～4 厘米为宜。以当天能晒干为好。当天晒不干的,晚上搬至室内,勿翻动,翌日再晒至全干。晾晒时不可翻动,否则会引起花色变黑或烂花。晒干后,压实,置干燥处封严。

(2)烘干。目前都采用烤房烘干,有条件时提倡用大型烘干机烘干。烤房规模一般按每亩地建 4～5 平方米的标准确定。烤房长度随种植面积大小而定,宽 3 米、高 2.5 米,设双排烤架,一门两窗,顶部设 2～3 个排气孔。烘干架顺房的长边一侧建造,宽 0.8 米、高 2.5 米,1 米高处为最低层,向上每隔 15 厘米宽为 1 层,共 10 层。烤房内壁要求光洁和不透气。烤房内要有足够的火力,一般每 2～3 平方米应有 1 个火炉,并将火炉安置在走道内,火炉上安装排气筒,以避免或减少二氧化硫等有害气体污染金银花。其干燥方法是:将采回的花蕾摊放在竹制烤盘内,厚 3～4 厘米。初烘时温度控制在 30～35℃,并关闭门窗和排气孔。烘 2 小时后,将温度升至 40℃左右,使鲜花逐渐排除水分。开始烘的 5～10 小时内,温度要达到 45～50℃,维持 10 小时,使鲜花水分大部分排出。在此期间要打开天窗和排气孔通风,每次开放 5 分钟,以排放水汽。烘烤期间不能翻动,也不可中途停烘,否则成品会变质变黑,影响销售。同时,要做好上、中、下层和前后烤盘的调换,间隔 2～4 小时调换

1次,以便烘烤均匀。最后将温度升至55～60℃,使花迅速干透。当成品握之顶手、捏之有声、碾之即碎时,即达到干燥标准。

三、贮藏

金银花经晒干或烘干后,过1～2天需要再复晒(烘)1次,使其干透。而后风选除去残叶、杂质,将干花装入内衬无毒塑料袋的木箱或纸箱内。花装后要压实,扎紧袋口并将箱口密封,置于通风阴凉干燥处存储待销。贮藏期间要避光,温度控制在30℃以下,相对湿度保持在65%～75%,以防止金银花变色、潮湿、霉变和虫蛀。

第五节　金银花质量标准

干燥好的金银花花蕾呈棒状,上粗下细,略弯曲,表面淡黄色或绿白色(久储藏后颜色偏深),密被短柔毛,气味儿清香、味淡、味苦。《中国药典》2015年版规定:水分不得高于12.0%,总灰分不得超过10.0%酸不溶性灰分不得超过3.0%;重金属及有害元素铅不得超过5mg/kg,镉不得超过3mg/kg,汞不得超过0.2mg/kg,铜不得超过20mg/kg;同时按照干燥品计算,含绿原酸不得少于1.5%,木犀草苷不得少于0.05%。

第六节　金银花的综合利用

一、金银花的主要化学成分

近期研究发现,金银花主要含有挥发油、黄酮类、有机酸、三萜类及无机元素。

(1)挥发油:金银花鲜花挥发油不同产地的化学成分基本相似,多为低沸点的不饱和萜烯类成分,且芳樟醇的含量较高,含量

高达 14%以上,其中河南产含量高达 45.5%。而干花挥发油成分以棕榈酸为主,一般占 26%以上,芳樟醇含量仅在 0.39%以下。可能由于芳障醇是低沸点化合物在干燥加工过程中损失造成。

(2)黄酮类金银花正丁醇萃取物中分离得到 4 个黄酮类化合物,分别鉴定为木犀草素-3-0-a-D-葡萄糖苷、木犀草素-7-0-β-D-半乳糖苷、檞皮素-7-0-β-D-葡萄糖苷和金丝桃苷。金银花三氯甲烷萃取物中又分别得 5-羟基-3',4',7-三甲氧基黄酮。有人用紫外分光光度法测定了不同时期的金银花修剪枝各部位的粗黄酮含量。结果显示:不同时期的金银花修剪枝各部位均含有黄酮,且都是节部和叶片含量最高,花中次之,茎含量较低。

(3)有机酸类绿原酸类化合物是金银花的主要有效成分,包括绿原酸和异绿原酸、咖啡酸和 3,5-二咖啡酰奎尼酸。

(4)三萜类金银花水溶性部分分离得到了 3 个具有保肝活性的三萜皂苷。

(5)无机元素金银花含微量元素共 15 种:Fe、Mn、Cu、Zn、Ti、Sr、Mo、Ba、Cr、Pb、V、Co、Li、Ca 等。

二、药理作用

金银花具有抗病原微生物、抗炎、解热、保肝、抗生育、止血、免疫调节、降血脂、中枢兴奋等作用。实验研究表明:金银花对多种致病菌均有一定的抑制作用,金银花茎叶的乙醇和丙酮提取物能明显抑制真菌生长,对多种病毒也有抑制作用。试管试验表明,金银花及其藤的煎剂对钩端螺旋体均有抑制作用。金银花提取液具有抗炎及解热作用,金银花总皂苷及复方制剂对肝脏具有保护作用,金银花醇提取液有抗黄体激素的作用。金银花煎剂能促进白细胞的吞噬功能,金银花对中性粒细胞(PMN)的体外分泌功能有一定程度的降低作用。大鼠灌服金银花 2.5 能减少肠内胆固醇吸收,降低血浆中胆固醇的含量,体外实验也发现金银花可与胆固醇

相结合。金银花中所含绿原酸具有中枢兴奋作用，其作用强度为咖啡因的1/6，体外筛选实验报告金银花的水及醇浸液对肉瘤S180及艾氏腹水癌有明显的细胞毒作用，口服大剂量绿原酸能增加胃肠蠕动，促进胃液及胆汁分泌，研究结果表明，金银花乙醇提取后的煎剂注射给药，对小鼠、狗、猴等多种动物具有抗生育作用。另外金银花对烫伤小鼠中性粒细胞释放过氧化氢有一定程度的改善作用，能使烫伤小鼠中性粒细胞合成和释放溶酶体酶的能力相应减少，说明其具有抗氧化反应的作用。

三、金银花利用现状及发展前景

综合利用现状。金银花具有清热解毒、通经活络、广谱抗菌及抗病毒等功效，70%以上的感冒、消炎中成药中都含有金银花。近年来，我国对中草药金银花的开发利用有了突破性进展。

金银花的茎、叶均含有绿原酸、异绿原酸，可用于替代花蕾，大量用作于食品饮料及化工原料，促进了金银花资源的开发。金银花是消暑解热的佳品，可制作清凉饮料与糖果，产品有忍冬可乐、银花汽水、银花啤酒及银花糖果。用金银花的藤、叶、花蒸馏取露，称“金银花露”；既是夏令时节芳香可口的保健清凉饮料，也可用来预防小儿痱子。金银花还是食品添加剂以及忍冬花牙膏、金银花痱子水等日用品的原料。另外，金银花还具有生态效益，可用于保持水土，改良土壤，调节气候，在平原沙丘栽植可以防风固沙，防止土壤板结，减少灾害。金银花被列为“退耕还林、还草”工程中的先锋树种。在一些城市的街头绿化中，也有把金银花作为绿化树种的，既可以作为长年开花观赏树种，又可以提供药用价值。

发展前景。金银花属于传统中药材，主要功能是清热解毒，具有卓著的抗菌消炎作用，被誉为“植物抗生素”，在滥用化学抗生素带来严重后果的情况下，金银花的需求量激增，将会在医药、化工、食品领域发挥越来越大的作用。

第五章　菊花

药用菊花为菊科、菊属植物的干燥花序，属多年生宿根草本植物。菊花味甘苦，微寒，散风，清热解毒，主治外感风寒或风温初起、发热头痛、眩晕、目赤肿痛、疔疮肿毒等。花和茎叶含有挥发油和黄酮类等成分；挥发油主要为龙脑、樟脑、菊油环酮等，花还含有菊苷、腺嘌呤、胆碱、黄酮、水苏碱、维生素 A、维生素 B_1、维生素 E、氨基酸及刺槐素等；主产于浙江、安徽、河南、河北等地，9～11 月花盛开时分批采收，阴干或焙干，或熏、蒸后晒干。药材按产地和加工方法不同，分为亳菊、滁菊、贡菊、杭菊和祁菊等。杭菊主要产于浙江桐乡和江苏射阳，由于花的颜色不同，又分为黄菊花和白菊花之分；亳菊主产于安徽亳州；滁菊主产于安徽滁州；贡菊主产自安徽歙县一带，异称徽菊，浙江德清亦产，称为德菊；祁菊主产于河北安国一带。此外还有产自河南的怀菊、四川的川菊和山东的济菊等。

菊花在我国分布范围极广，分布与安徽、浙江、河南、河北、湖南、湖北、四川、山东、陕西、广东、天津、山西、江苏、福建、贵州等省。药用菊花种植，应依照本地自然条件、气候特点，因地制宜选择适宜品种，科学种植，实现较高效益。菊的品种较多，元朝吴瑞有“花大而香者为甘菊，花小而黄者为黄菊，花小而气恶者为野菊”一说。菊花因产地不同、加工方法不同而形成多个品种和规格，为世人所称道。有如亳菊、滁菊、杭菊、贡菊、怀菊、祁菊等名菊，前 4 种即为我国四大药用名菊。目前，我国的药用菊花现有 9 个栽培变种，其栽培产地及品种也有了明显变化。其中，安徽道地药材贡菊、浙江的杭菊、滁州的滁菊、亳州的亳菊、河南的怀菊、河北的祁菊等菊花的变种均为药食两用的菊花。

第一节　菊花的形态特征

菊花为多年生草本，高 60～150 厘米。茎直立，分枝或不分枝，被柔毛。叶互生，有短柄，叶片卵形至披针形，长 5～15 厘米，羽状浅裂或半裂，基部楔形，有柄，下面被白色短柔毛，边缘有粗大锯齿或深裂。头状花序单生或数个集生于茎枝顶端，直径 2.5～20 厘米，大小不一；因品种不同，差别很大。总苞片多层，外层绿色，条形，边缘膜质，外面被柔毛；舌状花白色、红色、紫色或黄色。花色则有红、黄、白、橙、紫、粉红、暗红等各种颜色，培育的品种极多，头状花序多变化，形色各异，形状因品种而有单瓣、平瓣、匙瓣等多种类型，当中为管状花，常全部转化成各式舌状花；花期 9～11 月。雄蕊、雌蕊和果实多不发育。

头状花序一般有 300～600 小花组成，一朵菊花实际上是由许多无柄的小花聚宿而成的花序，这些小花就着生在托盘上，花序被总苞片包围。

不同菊花品种花形态特征有所区别

一、亳菊

倒圆锥形或圆筒形，有时稍压扁呈扇状。直径 1.5～3 厘米，多离散，总苞由 3～4 层苞片组成苞片卵形或椭圆形，黄绿色或绿褐色，外被柔毛，边缘膜质。花托半球形。舌状花在外方，数层，雌性，类白色或淡黄白色，劲直、上举，纵向折缩，散生金黄色腺点；管状花多数，两性，位于中央，常为舌状花所隐藏，黄色，顶端 5 裂。瘦果不发育，无冠毛。体轻质柔润，干时松脆。

二、徐菊

呈不规则球形或扁球形，直径 1.5～2.5 厘米，舌状花白色，不规则扭曲，内卷，边缘皱缩，有时可见淡褐色腺点。管状花大多隐藏。

三、)贡菊

呈扁球形或不规则球形，直径 1.5～2.5 厘米，舌状花白色或类白色，斜升，上部反折，边缘稍内卷而皱缩，通常无腺点；管状花较少，多外露。

四、杭菊

碟形或扁球形。直径 2.5～4 厘米，鲜花平均每朵 0.84 克。常数个相连，舌状花类白色或黄色，平展或微折叠，彼此黏结，通常无腺点。管状花较多，外露。

五、祁菊

祁菊扁形，花冠直径 4～5 厘米，花朵外围花瓣呈舌状，乳白色；中央花瓣呈舌状或管状，黄色。

第二节　菊花的生物学特性

菊花适应性极强，耐旱，分布范围广。

1. 对温度的适应性。菊花喜温暖耐寒冷，幼苗发育和孕蕾期要求气温稍高，一般要求日平均温度在 15℃以上，适宜温度 15～30℃，有利于植株生长、发育、分枝和现蕾。花后期能耐受微霜，根可忍受-16～-17℃的低温。春季气温温度通过 10℃以上时，菊花植株的宿根开始萌发，在 25℃范围内，随着温度的升高，生长速度

加快，生长最适合温度为20～25℃。

2. 对日照的适应性。菊花是短日照植物，在日照短于13.5小时，夜间温度降至15℃，开始从营养生长转入生殖生长，即花芽开始分化。当日照短于12.5小时，夜间温度降至10℃左右，花蕾开始形成，此时茎、叶、花进入旺盛生长期，9～10月进入花期。

3. 对水分的要求。菊花喜湿润，但怕积水，尤其在开花期不能缺水，否则影响花产量和质量。多雨季节，容易烂花，且土壤水分过多，容易烂根。雨季应注意排涝，干旱土壤水分不足，分枝少，发育缓慢。

4. 对土壤条件的需求。菊花对土壤要求不严格，旱地及稻田均可种植，喜肥，适宜在阳光充足、排水良好、富含腐殖质的砂性壤土种植，黏重土或低洼积水地不宜栽植，盐碱地生长发育差，pH值以6～8为宜，忌重茬。

第三节 菊花的栽培技术

一、品种类型选择

药用菊栽培历史悠久，栽培区域广泛，在我国已经分化成较为稳定的具有明显地方特色的栽培类型。按照产地和商品名不同分为亳菊、滁菊、杭菊、怀菊、贡菊、祁菊、济菊、川菊等。杭菊主要产于浙江桐乡、海宁、嘉兴、吴兴等地，是著名的浙江八味之一；滁菊主产于安徽滁州、涉县等地；亳菊主产于安徽亳州、涡阳、河南商丘；怀菊主产于河南省焦作市所辖的泌阳、温县、博爱等地，是我国著名的四大怀菊产地；贡菊主产自安徽歙县、浙江德清，清代为贡品故名贡菊；济菊主产于山东嘉祥、禹城一带；祁菊主产于河北安国；川菊主产于四川省绵阳、内江等地。药用菊花亳菊、滁菊、杭菊、贡菊4种即为我国四大药用名菊。以长江为界，在长江以南的

杭菊、贡菊以做茶用为主,兼顾药用;而长江以北的滁菊、亳菊则以作为药用为主,兼顾茶用。目前,我国的药用菊花现有9个栽培变种,其栽培产地及品种也有了明显变化。其中,安徽道地药材贡菊、浙江的杭菊、滁州的滁菊、亳州的亳菊、河南的怀菊、河北的祁菊等菊花的变种均为药食两用的菊花。

二、选地整地

种植菊花宜选择地势偏高、平坦、排水良好、避风向阳的砂壤或轻壤土栽培。以土层深厚、富含腐殖质、疏松肥沃的中性或微酸性土壤最好,忌重茬连作。栽植前应先对大田翻耕1次,并结合整地施入底肥。视田块肥力,施粪肥1500～2500千克/亩或有机质含量30%以上的商品有机肥1000千克/亩加氮磷钾各15含量的45%复合肥30～50千克/亩为底肥,施肥后翻耕、耙盖、整平。做成宽1.3米、高30厘米的畦,畦旁沟深30厘米,以利于排水。

三、育苗繁殖

(一)母株选择及前期管理

在准备育苗之前选择优良品系的母株十分重要,选择母株的标准首先是重视植株所具有的品重特性,然后注重植株健壮,无病斑,无虫害,花色鲜艳有光泽,生长发育正常。此外,由于不同品种的繁殖率不同,所以在培育母株时要根据品种的繁殖率和栽培面积来确定母株的培育数量。将第一次选出的母株叫一级母株,然后又由一级母株采穗扦插繁育成二级母株。而由二级母株采穗繁殖成栽培用苗。

(二)苗床的准备

菊花属于浅根性植物,大部分根系分布在土壤的表层。由于

其根系不耐湿,因此选择排水良好的土壤十分重要。如果土壤的通透性不好,根系发育不良会造成植株枯死。菊花的育苗床一般选择在日光充足,排水和通风良好的场所,为了培育出健壮的幼苗,尽可能把苗床设在保护设施内,如果没有温室等设施时,至少要进行防雨育苗。育苗床土一般选择砂岩风化土,细纱、珍珠岩等排水和保水良好的无菌土壤或基质。育苗床的长度根据设施具体情况而定,一般设在 5～10 米即可,为了操作方便苗床宽一般为 90～100 厘米,育苗床下可以铺上一层报纸等防止培养基质与地下土壤直接接触,床土厚为 10～13 厘米左右,扦插前可喷洒一些杀菌剂。

(三)繁殖方法

可用分株、压条、扦插繁殖。扦插繁殖的植株长势旺盛、抗病性强、产量高;分株繁殖容易成活、劳动强度较小,较多采用。

(1)分株繁殖。秋季菊花收获后,选留健壮母株的根兜,上盖粪土保暖越冬、第二年 3～4 月,将覆盖的粪土扒开,浇稀粪水,促进萌枝迅速生长。4～5 月,等苗高到 15～25 厘米时,选择阴天将根挖起、分株,选择粗壮以及须根多的种苗,斩掉菊苗的头部,留下约 20 厘米左右的长度,按照行距 40 厘米、株距 30 厘米,开 6～10 厘米深的穴,每穴栽一株,栽后覆土压实后立刻浇足水。

(2)压条繁殖。压条繁殖是间枝条压如土壤中,使其生根,然后分开成为独立的植株。压条繁殖一般在下列情况下使用:一是局部枝条有优良性状突变时;二是枝条伸得过长,想让其矮化时;三是其他繁殖失时,需要采取补救措施。具体方法是:在 6 月底 7 月初,将母株枝条弯曲埋入土中,使其茎尖外露。在进入土中的节下,刮去部分皮层,不久伤口处便能萌发不定根,生根后剪断而成独立的植株。由于在生根过程中可以得到母株的营养,所以一般情况下全部能够成活。但由于压条繁殖生成的植株一般株型偏

小，枝茎短分枝多，没有特殊情况不采用压条繁殖方法。

(3)扦插繁殖。每株母株可以采7～8枝插穗，插穗的长度在8～10厘米左右，下部茎粗0.3厘米为佳。枝条长度的差别应小于0.5厘米，如插条的长度差异太大，影响切花菊的整齐度及一级花产出率。采穗时在母株上最好留下2枚叶片，以便其侧芽再次发芽。插穗要求健壮结实以确保幼苗质量，插穗大小整齐。在采穗之前2～3天最好喷洒杀菌剂。采后将插穗下部的叶片去掉，先端部留2片展开叶，然后40～50枝一捆，放在清水中吸水1～12小时，扦插前从基部去掉1～2cm，如果发现切口处有白色的就属于老化枝，不宜使用，然后在基部蘸上生根粉（钠乙酸）等发根促进物质后立刻扦插。采穗的同时将床土浇湿，当插穗调整处理后，可以直接进行扦插，扦插的株距为3厘米，行距为4～5厘米，扦插深度为2～3厘米，地上部高度为5～6厘米。为了将插穗固定用喷壶充分浇透水，苗床的温度最好在15℃～25℃，室温要比床温稍低，因为空气干燥造成插穗萎蔫，可以用报纸或遮阳网覆盖3天，然后视天气情况每日中午前后再遮光5～6小时，其余时间取掉遮光物进行自然的驯化。7天后完全去掉遮光物，在此之间为了防止苗床干燥，在扦插后要适当浇水，但要控制浇水量以防止基质含水过多，在扦插14～15天后开始发根，当根长2厘米时就可以取出定植了。

近年来，很多地方利用现代科学技术，实行脱毒技术，利用茎尖等无毒部位组织培养，培育菊苗，可有效减少病害发生，提高产量和品质。

四、田间管理

1. 移栽。分株苗于4～5月、扦插苗于5～6月进行移植。要选择阴天或雨后或晴天的傍晚移植，在整好的畦面上，按照行、株距各40厘米挖穴，穴深6厘米，然后带土挖取幼苗，扦插苗每穴移栽1株，分株苗每穴栽植1～2株。栽后覆土压实，浇足定根水，栽

植后 15 天再浇一次水。

2. 土壤管理。栽植菊花提倡轮作，如连作地块必须做好土壤消毒处理。二是适期适时进行土壤检测，每两年进行一次，检测指标包括肥力水平及重金属元素含量等，为合理施肥及土壤改良提供参考。三是要完善坡耕地的水土保持措施，保证土壤肥力。

3. 打顶搭架。菊苗摘心可促进菊苗分枝和菊枝间生长的平衡，防止倒伏。当新梢长到 10～15 厘米时摘心，兼顾新枝高度与全园平衡，使其下部枝芽均衡生长，花期整齐。生产上视长势一般分 1～2 次进行摘心，目前多数采用一次摘心。选择晴天分别在移栽时或移栽后 20～25 天、6 月中旬、6 月底至 7 月上旬、后期长势过旺时对菊苗摘心打顶。第一次摘心打顶离地 5～15 厘米摘心，以后各次保留 5～15cm 的芽，摘除上部顶芽。对于移栽较迟的扦插苗，应减少摘心打顶次数，一般一次即可。摘心打顶必须在 7 月底前完成，摘下的顶芽带出地块儿销毁。菊花茎秆高而多，可搭架栽培。可在植株生长至 50 厘米左右，将菊茎秆系于支架上，使菊茎不倒伏，且能保证通风透气，促使花多而大，提高产量。

4. 中耕除草。菊花是浅根性植物，中耕适宜浅耕，宜浅松表土 3～4 厘米，要注意避免伤根。整个生长期一般中耕 3～4 次。第一次应在移栽成活后 1 周左右进行。一般应每隔 2 个月进行中耕除草 1 次。在第 1 次中耕时，结合补苗进行，把缺苗补齐。雨后中耕，注意结合培土，防止植株倒伏。雨后转晴、土壤板结、杂草丛生时也应及时松土除草。

5. 肥水管理。菊花根系发达，是喜肥作物。扦插苗移栽前期，要控制水肥，使地上部分枝叶生长缓慢，保证表土干燥疏松，地下湿润，促进根的生长，俗称“蹲苗”。移栽后，一般追肥 3 次。第一次追肥在菊苗成活后打顶时，促进植株发棵。每亩施入清淡人畜粪水 1000 千克左右加尿素 10 千克。第二次追肥，在植株开始分株时，促进植株生长、多分枝。每亩施入畜粪水 1500 千克加尿素

10千克。第三次追肥，在寒露前后，即菊花植株刚现蕾时，施肥促进花蕾形成，多结蕾开花。每亩重施1次较浓的人畜粪水2000千克加尿素15千克加过磷酸钙25～30千克。也可进行根外追肥，一般用0.1～0.2%的磷酸二氢钾溶液喷施叶面。需要注意的是，根际施肥时不要沾在菊花植株叶上，以免灼伤菊花植株。菊花喜湿润，但怕田间积水和涝害。春季要少浇水，防止幼苗徒长，要看苗浇水。夏季高温季节，应经常浇水。若雨量过多，要及时排水。菊花植株在孕蕾期不可缺水。

五、病虫害防治

菊花常见病害主要有白粉病、褐斑病、叶枯病、枯萎病等，虫害主要有蚜虫、菊天牛、瘿蚊、叶蝉等。因考虑种植的是药食两用菊花，在病虫害防治方面，应尽量采取农业防治、生物防治或其他无公害的方式进行防治。使用化学防治方法，需在采花前30～45天使用，之后避免使用，以免造成菊花污染，防止造成菊花农药残留超标。

（一）白粉病

白粉病病原为菊科白粉菌。该病主要危害叶片、叶柄和幼嫩的茎叶。感病初期叶片上出现黄色透明小白粉斑点，在温湿度适宜时病斑可迅速扩大成白色粉状斑或灰色粉状霉层；发病严重时叶片呈现褪绿、黄化、畸形、早衰和枯萎等症状。白粉病多以有性器官闭囊壳在病残体上越冬，第二年借气流或水滴传播，在湿度大、光照弱、通风不良、昼夜温差在10℃左右时及土壤条件不佳等条件下容易发生。隐蔽地段、灌水倒伏、种植密度过大时病害发生更为严重。

防治方法如下。

(1)农业防治：田间栽培密度要合适、不宜过密。肥水管理要

避免过度使用氮肥，要增加有机肥和磷钾肥，适时、适度浇水，提高植株的抗病免疫力。栽培过程中注意剪除过密或枯黄枝叶，及时拔除病株，清扫残枝落叶并带出田外集中销毁，减少病原传播。

(2)化学防治：在发病初期喷施70%甲基硫菌灵悬浮剂800倍液，或20%三唑酮乳油600倍液等，一般每隔7～10天喷雾一次，连喷2～3次。

生物防治及其他防治方法可参照“金银花白粉病”。

(二)褐斑病

发病初期叶片上出现圆形、椭圆形不规则形大学不一的紫褐色病斑，后期变成黑褐色或黑色，直径2～10毫米。感病部位与健康部位界限明显，发病后期病斑中心颜色变浅，呈灰白色，出现细小的黑点。病斑多的时候相互连接，叶色变黄，进而焦枯。当发病叶片有5～6个病斑时，叶片皱缩，叶片自下而上层层变黑，严重时仅留上部2～3张叶片，发黑干枯的叶片悬挂于茎秆上而不自行脱落。

防治方法如下。

(1)农业防治：加强栽培管理，田间栽培密度不宜过密，人工摘除病叶，发现病叶要及时摘除并带出田外集中销毁，发病严重的地区实行轮作倒茬，肥水管理要避免过度使用氮肥，要增加有机肥和磷钾肥，适时、适度浇水，提高植株的抗病免疫力。

(2)化学防治：在发病初期用80%代森锰锌络合物800倍液，或70%百菌清可湿性粉剂600倍液，或50%异菌脲可湿性粉剂1000倍液等喷雾防治，每隔7～10天喷雾一次，连喷2～3次。

生物防治及其他防治方法可参照“金银花褐斑病”。

(三)枯萎病

菊花枯萎病，又称菊花萎蔫病。国内外对菊花枯萎病病原菌

的报道有尖孢镰刀菌、链格孢菌等。发病初期植株地上部叶片失绿发黄，失去光泽，接着叶片开始萎蔫下垂、变褐色、枯死，下部叶片也开始脱落；茎基部微肿变褐，表皮粗糙，间有裂缝，湿度大时可见白色霉状物；受害根部变黑腐烂，根毛脱落。将茎秆横切或纵切，维管束变褐色或黑褐色，严重的可导致菊花植株萎蔫枯死。

防治方法如下。

(1)农业防治：选用抗病品种，通过组培繁育脱毒种苗或采集无病枝条扦插繁殖；控制土壤含水量，及时排水；重病株要及时拔除并带出田外集中销毁；合理密植保证田间通风透光；增施腐熟的有机肥及生物肥用量，避免偏施氮肥，增加磷钾肥和中微量元素肥料使用，保证壮苗，提高植株抗病免疫力。

(2)化学防治：栽植前每亩用50%多菌灵可湿性粉剂1千克处理土壤，同时用5%氨基寡糖素800倍+30%恶霉灵500倍液浸移栽苗根部5～10分钟。临发病前或发病初期或移栽后缓苗期灌根，配方为25%吡唑醚菌脂2500倍+5%氨基寡糖素1000倍液，或5%氨基寡糖素1000倍+30%恶霉灵600倍液喷淋或浇灌，一般10～15天浇灌一次，连续灌2～3次。

(四)锈病

菊花锈病包括黑锈病、白锈病、褐锈病等。主要危害菊花的叶和茎，以叶受害为重，且嫩叶较老叶感病。发病初期叶片上产生淡黄色小点，后变为褐色并略凸起；发病后期，叶片、叶柄和叶茎上长出深褐色或黑色椭圆形肿斑。该病主要由菊柄锈菌、堀柄锈菌2种属柄锈菌真菌引起，叶、花、茎都可感染。其病菌冬孢子可以在母株、干燥堆肥及土中病残体上越冬，并成为该病发生的初侵染源。通风透光条件差，土壤缺肥或氮肥过量，适温高湿，都有利于菊花锈病的发生。

防治方法如下。

(1)农业防治:一是增施腐熟的有机肥、磷钾肥及生物肥料,合理配方施肥,切忌偏施氮肥,补施中微量元素,增强植株的抗逆抗病能力。雨季及时排涝,增加田间通风透光;二是秋冬季及时清除并剪除病枝病叶,带出田外集中销毁。防止再次传染。

(2)化学防治:早春萌芽前喷施一次 2～3 度的石硫合剂,发病初期用 25%三唑酮可湿性粉剂 1000 倍液,或 25%戊唑醇 1500 倍液,或 12.5%烯唑醇乳油 1500 倍液,或 25%丙环唑乳油 2500 倍液,或 40%氟硅唑乳油 5000 倍液等喷雾防治。

(五)蚜虫

危害菊花的蚜虫主要种类有菊姬长管蚜、桃蚜和瓜蚜等。蚜虫自幼苗至花期,时有发生,每年 4～5 月、9～10 月为其繁殖高峰期。桃蚜危害菊花时受害叶变黄,向背面不规则卷缩,严重时叶片干枯早落。瓜蚜危害菊花幼嫩枝叶和花蕾,引起褪绿、卷缩或变脆等症状。菊姬长管蚜多在芽心嫩尖危害,出现发黄、变形和花褪色等症状。

防治方法参照金银花蚜虫。

(六)菊花瘿蚊

菊花瘿蚊是菊花上的重要害虫,成虫将卵产在植株幼嫩部位的生长点或腋芽处,以初孵幼虫转入菊花幼嫩组织内,在幼嫩部位的生长点或腋芽处危害并刺激周围植物组织快速生长,长成一个个上尖下圆的桃心状小瘤子,形成虫瘿,严重时在植株的腋芽处形成一串串的虫瘿。虫瘿开始时呈绿色,以后逐渐变为紫红色。

卵长椭圆形,长 0.38～0.45 毫米,表面光滑有光泽。初产时为无色透明,然后渐变为桔红色,后渐变为紫红色,散产,一般一个腋芽处 1～2 粒,也有 3 粒。初孵幼虫乳黄色,老熟幼虫桔黄色,老龄幼虫体长 3.5～4.0 毫米。头小,胸 3 节,前胸无剑骨片,腹部 9 节,

气门 8 对，腹部可见稍微突出的腹足痕迹。幼虫生活在虫瘿内吸食植物的汁液，危害植物的生长和发育。蛹，为裸蛹，桔黄色，长 3～4 毫米，头部有 X 型凸起且有一对短毛，腹部 9 节，后足可伸至腹部 5 节或更靠后，从初期蛹到后期蛹，体色从米黄→橘红→黑褐色转变，尾须两根、无色。成虫，体长 3～5 毫米，复眼大，接眼式；触角念珠状，17 节，每节膨大部分环生细毛；膜翅、翅脉三条；三对胸足，附节 3 节、球状；前足附节灰褐色，中后足附节鲜红色；腹部明显分为 9 节。雄成虫体长 3～4 毫米，腹部一般比较细长，且一般为黑褐色，身披灰白色细毛，胸部较大，抱握器有齿；雌虫体长 4～5 毫米，中胸大，银灰色、有光泽，腹部每节节间膜及侧板黄色，羽化初期体腹为酱红色，筒状，产卵后变为黑褐色。

苗期被害后枝条不能正常生长，减少分支，形成小老苗；花蕾期受害可使花蕾数减少，花朵瘦小，直接造成菊花减产。华北每年发生 5 代，以老熟幼虫越冬。次年 3 月老熟幼虫在虫瘿内化蛹，4 月初羽化。4 月中旬在菊花田出现第一代幼虫。虫瘿绿色，圆球状。5 月随移栽苗进入大田，育苗田中发育的成虫也可飞至附近大田产卵，5～6 月在大田菊花上发生第二代，7～8 月发生第三代，8～9月发生第四代，此时正值菊花现蕾期，受害严重。10 月上旬发生第五代，10 月下旬后以第五代幼虫越冬。雌蚊产卵对菊花品种也具有选择性，对祁菊危害严重，而在杭菊上基本不产卵；成虫产卵部位具有趋嫩性，宜在嫩叶嫩尖上产卵。卵孵化后幼虫在组织内刺吸危害，严重时多个虫瘿连在一起成为大瘿块。

防治方法如下。

(1)农业防治：清除田间菊科植物杂草，减少虫源；选用和培育无病虫健康菊苗；人工摘除虫瘿，从育苗田向大田移栽时，先摘剪虫瘿后再移栽，剪下的虫瘿要集中深埋或烧毁。

(2)生物防治：一般在 8 月上旬以前保护利用寄生蜂等自然天敌，在成虫发生期或卵孵化期及时喷施植物源杀虫剂，如 0.36%苦

参碱 800 倍液，或 1.5%天然除虫菊素 1000 倍液，或 0.3%印楝素 500 倍液等喷雾。

（3）化学防治：在 5 月大田移栽后，及时防治一代成虫，可选用 1.8%阿维菌素 2000 倍加 4.5%高效氯氰菊酯乳油 1500 倍液，或新烟碱制剂 10%吡虫啉可湿性粉剂 1000 倍液，或 3%啶虫脒可湿性粉剂 1000 倍液喷雾，间隔 7～10 天喷 1 次，连喷 2 次；8 月上旬以前，一般不喷药，以保护利用天敌寄生蜂自然抑制；8 月中下旬，可选用 1.8%阿维菌 2000 倍加 4.5%高效氯氰菊酯乳油 1500 倍，或 25%噻虫嗪 1200 倍液，或 25%噻嗪酮 2000 倍液进行喷雾，间隔 7～10天喷 1 次，连喷 2～3 次。

（七）天牛

天牛是鞘翅目叶甲总科天牛科昆虫的总称，咀嚼式口器，有很长的触角，常常超过身体的长度。菊天牛主要危害菊花、野菊和艾蒿。春末夏初成虫在接近嫩芽处咬破株茎表皮产卵，咬伤处不久变黑。出现长条形斑纹，茎梢因失水而萎蔫或折断。卵孵化后，幼虫沿茎秆向下蛀食，直达根部，危害严重时整株枯萎而死。

防治方法如下。

（1）农业防治：菊花茎部发现天牛成虫，人工捕杀；及时剪除严重受害的枝茎并带出田外集中销毁处理；在茎干或枝条处发现有虫粪便排出的虫孔，要用铁丝插入孔内，刺死幼虫。

（2）生物防治：幼虫孵化期未蛀茎前及时喷施植物源杀虫剂，如 0.36%苦参碱 800～1000 倍液，或 1.5%天然除虫菊素 1000 倍液，或 0.3%印楝素 500 倍液，或 2.5%多杀霉素悬浮剂 1000～1500 倍液等喷雾。

（3）化学防治：首先用 80%敌敌畏原液药棉堵塞蛀孔毒杀，或用注射器注入 2.5%联苯菊酯乳油或 20%氯虫甲苯酰胺或 19%溴氰虫酰胺 300 倍液，或 5%甲氨基阿维菌素苯甲酸盐 100 倍液，或

90%敌百虫晶体或50%辛硫磷或80%敌敌畏50倍液,然后用泥封口,密封杀死茎内幼虫。再次幼虫孵化期未蛀茎前,用4.5%高效氯氰菊酯乳油1000倍液或2.5联苯菊酯乳油2000倍液,或20%氯虫甲苯酰胺3000倍液,或19%溴氰虫酰胺4000倍液,或5甲氨基阿维菌素苯甲酸盐1000倍液,或90%敌百虫晶体或50%辛硫磷或80%敌敌畏1000倍液喷雾防治,强调喷匀喷透。

第四节 菊花的采收加工

一、采收

因产地地域或品质不同,各地菊花采收时期和方法略有不同,一般当地里花蕾基本开齐,花瓣普遍洁白时候,即可采收。采花标准:花瓣平直,80%的花心散开,花色洁白。如遇早霜,则花色泛紫,加工后等级下降。

菊花采收时,须用清洁、通风良好的竹编筐娄等工具,选择晴天露水干后采收。特殊情况下,如遇雨或露水,采收后立刻将湿花摊开晾干,防止霉烂变质。采花时,用两手指将花向上轻轻采摘,不仅省时省力,而且花不带叶子,花梗短。采花后应将不同等级的花分开放置,防止其他杂质掺入其中。鲜花采摘后不可紧压,防止损伤花瓣,过紧或过多堆放都可能引起菊花品质下降。鲜花采收后,除鲜食外,药用或茶饮用时均应随采随加工。

二、加工

菊花主要的加工方法有阴干、生晒、蒸晒、烘干等,以烘干方法最好。菊花产品加工场所应当宽敞、干净、无污染源,加工期间不应当存放其他杂物,门口要有阻挡家禽、家畜、及宠物出入加工场所的设施。允许使用竹子、藤条、无异味木材等天然材料和不锈钢

或铁质材料，器具和工具应清洗干净后使用，烘制时不能用塑料器具，要严格加工操作程序，做到安全第一。由于菊花品种较多，产地不同，加工方法也不尽相同。

(一)滁菊

滁菊于立冬前后，头状花序中央的管状花全部开发成为蜂窝状时，即为成熟的标志，趁晴天露水干后，成熟一批采摘一批。采摘下的菊花不可与泥土接触。

滁菊采摘后，要及时摊晾在干燥、阴凉、通风的地方，千万不能堆捂，以免内部发热而导致花朵腐烂变质。一般摊晾 1～2 个小时后就干燥加工。摊晾时间最长不得超过 2 天，否则会影响滁菊加工的品质。

滁菊传统加工方法，首先用硫黄熏蒸，经硫黄熏蒸后，花颜色洁白，花型完整，不宜散瓣。将熏好的菊花放不可直接放在场地上摊晒，应置于竹匾上下垫木凳，待晒至六成干时，用竹筛把头状花序筛成圆球形。一般需要经过 13～15 天才能晒的完全干燥。

滁菊加工目前主要采用机械干燥加工的方法，主要包括机械杀青和热气流干燥两个步骤。机械杀青包括蒸汽杀青和微波杀青两种方式。蒸汽杀青主要是通过高温破坏氧化酶的活性，抑制酶的氧化速度，防止滁菊在后续加工过程中发生色泽变化，同时使鲜菊减少部分水分变软。蒸汽杀青过程中温度始终保持在 100℃以上，杀青时间 3 分钟左右，可同时完成杀青、杀菌、杀虫。滁菊干燥现在用热气流干燥技术，烘干箱内热风温度控制在 60℃左右，时间为 3～4 小时。经过一次干燥后，菊花水分在 30%左右，选择干燥的地方放置 12 小时以上，等滁菊内外水分均匀后进行第二次干燥处理。第二次干燥温度控制在 30～45℃，烘干 3～4 小时即完成烘干。二次烘干的滁菊要及时放在通气的工具内散热，降至常温后可以贮藏或包装销售。

(二)贡菊

(1)传统焙篓烘焙

在室内土质地面用弧型耐火青砖围成周长略小于竹编烘筒的碳火盆,内置炭火,将有宽沿、中心高、外缘低的竹编焙篓置于烘筒之上,摆放菊花进行烘焙,一层可置2个焙篓,开始先进行嫩烘,温火30～35℃,时间3～4小时,而后进行3～4小时老焙烘焙,老烘菊花置于下层,最后进行复烘,温度50～60℃,用时3～3.5小时,烘至花瓣象牙色、香气四溢时取下摊凉包装。采用传统烘焙法炭火烘焙,虽然烘焙出的菊花味醇正,但调控温度难,而且每个烘炉多则2个烘焙,占用空间大,用工多、速度慢、产量低,不适合规模化生产。

(2)小型烘房烘焙

这种烘焙方式是安徽贡菊产区目前家庭式生产应用最多的方式。烘房面积一般在7～20平方米,分左右2室,每室3.5～10平方米,中间安装4根相通的加热管道,开口处是燃料进口,另一头是排烟口,顶部安装排气扇加速热循环和水汽排出。制作烘房时,排烟口用砖砌烟道导出烘房外,烟道不可逆风而建,烘房在居室内可以不置顶,以利于排湿,如在室外,顶与四周墙体需留足够的通风排湿空间。烘房内可置烘焙(一般用竹片木条制成)10～16个,分置2室,家庭可以根据产量来确定烘房面积和烘焙大小数量。烘房烘花因其热风从下往上,刚开始吹进的热风温度可达50～60℃,利用增减烟道口进气眼大小等办法调节温度,逐渐将温度降至在40～50℃、30～40℃为佳,而且应有专人守在烘房旁,随时查看调整烘花情况。这种方法烘焙时长约20小时左右。此方法烘焙贡菊大大提高了出品率,而且新建烘房投入成本低,木柴和煤炭均可作燃料,比较适合本县贡菊产业的生产模式,应用非常广泛。

(3)引用热风循环烘箱设备与烘焙技术

1)鲜花装烘盘

将摊凉后萎凋的贡菊花均匀铺在烘盘上,一次可烘鲜花70～160千克,干花出品9～20千克,烘焙量、烘焙时间直接影响成品干花的品质,如果要出好花,不仅要采摘摊凉,还应精心进行选择花朵(花型大、蕊心正、开放度一致),这些工作细致完成后,在装烘盘时也要很讲究,铺的花层要薄,花蕊朝上,温度控制在低于普通花的烘焙温度,适当延长烘焙时间,这样烘出来的菊花才会型好、色好、香气更久。

2)加热热源的选择

在贡菊烘焙中,选择蒸汽和电两种热能进行了对比。蒸汽热能应用大型锅炉,燃料燃烧后通过设备上的蒸汽入口输送进箱体内两侧的导热管,同时开启鼓风机强制通风,使箱体内受热均匀,及时排除箱体内湿气。电能是应用位于设备顶部的电热装置将热能输送入箱体内,通过鼓风生成内循环。从试验情况看,应用电能加热效果更好。

3)电加热烘焙操作技术

装盘摆放好菊花后即可开始烘焙,嫩焙烘制开始温度应控制在35℃左右,烘10～14小时,然后慢慢升温至45℃左右,再烘10～14小时,最后慢升至58℃左右,烘焙6小时至看花呈象牙色、清香四溢时完成烘焙,取出摊凉后及时包装。烘焙时间应随鲜花含水量、烘焙数量及室温等情况作适当调整。

采用热风循环烘箱设备烘焙菊花,操作简单,省去了传统烘焙和烘房烘焙的添加炭火燃料的用工。该设备使用电热能比蒸汽热能省工,而且温度更好控制。采用该设备烘焙时,热风从侧面传导,直接作用于花瓣,因而开始不能使用高温烘焙。控制和调节好温度、时间是提高菊花烘焙质量的关键。利用热风循环烘箱设备烘焙菊花虽然用时较长,但烘出来的菊花滋味更清香,一次性烘焙数量较大,质量可以统一控制,适合规模化、标准化生产。

(三)杭菊

杭菊一般在10月下旬至11月下旬采摘,一般分四批左右。杭菊加工主要采取蒸花方法,干燥快、质量佳。具体方法:将在阳光下晒至半瘪程度的花放在蒸笼内,铺放不宜过厚,花心向两面,中间夹乱花,摆放3厘米左右厚度之后准备蒸花。蒸花时每次放三只蒸匾,上下隔空,蒸时要注意火力,既要猛又要均匀,锅里水不能过多,以免水沸腾到蒸匾形成"浦汤花"而影响质量,蒸一次添加一次水,水上面可放置一层竹片防止沸水上窜,每锅以蒸汽直冲4分钟为宜,蒸过久会使香味儿减弱而影响质量,并且不容易晒干。没有蒸透的,花色不白,易变质。将蒸好的菊花放在竹制的晒具上进行爆晒,期间对放在竹匾里的菊花不能翻动,晚上收入室内也不能挤压,一般待晒3～4天后可翻动一次,再晒3～4天基本干燥,然后收储几天,待"还性"后再晒1～2天,晒到菊花花心完全变硬,便可以储藏起来。

杭菊现代加工目前主要包括机械杀青和热气流干燥两个步骤。机械杀青包括蒸汽杀青和微波杀青两种方式。蒸汽杀青和滁菊基本相同。微波杀青将杭白菊均匀放置在微波杀青的流水线输送带上,厚度重叠2～3朵花,微波杀青时间一般为2～3分钟。杀青结束后进行烘干。杭菊采用隧道式烘房,目前杭菊烘干采取二次气流烘干发,第一次烘干温度控制在40～50℃内,时间为3小时,使含水量降至25%左右。经过第一次烘干后的花朵外干内湿,然后摊晾12小时以上,使花朵内外水分均匀后再进行第二次烘干,第二次烘干温度控制在45～50℃内,时间也为3小时,干燥后的菊花含水量达到13%以下。

(四)亳菊

将采收后的菊花先经阴干,随后再熏白、晒干。在花大部分盛

开齐放、花瓣普遍洁白时，连茎秆割下，分二、三次收完。扎成小捆，倒挂于通风干燥处晾干3至4周，不能曝晒，否则香气差。阴干后的菊花头状花序总苞变软，花瓣舒展，不蜷缩。天气晴朗、通风良好则干燥速度快、花色白，反之干燥速度慢、花色黄色、香气淡、质量差。

阴干后的菊花，为使色泽更加洁白，也可以经过熏硫漂白。阴干至花有八成干时，即可将花摘下，置熏房内用硫黄熏白，一般需要连续熏24～36小时，平均每千克硫黄可熏干花10～15千克。熏后再在室外薄薄摊开，晒一天即可干燥。然后装入木板箱或竹篓，内衬牛皮纸，一层菊花一层纸相间压实贮藏。

三、菊花的质量标准

加工好的菊花，即干燥的头状花序，以气清香、身干、花朵完整、无杂质者为佳。《中国药典》2015版规定：水分不得过15%；同时按干燥品计算，绿原酸含量不得少于0.20%，含木犀草苷不得少于0.080%，含3,5-O-二咖啡酰基奎宁酸不得少于0.70%。

四、胎菊的采收与加工

近年来，菊花茶品市场的热销，以杭白菊为代表的各种胎菊也成了热门。最初杭白菊未开放的花蕾叫作胎菊（也称蕾菊），10月末第一批采摘质量最好的是名副其实的胎菊。真品干花形态整齐、花瓣内敛蜷曲、色泽金黄、花蜜味香甜浓郁。现在各种菊花品种都要胎菊成品销售。

胎菊是菊花中最上品的一种。是在菊花朵未完全张开的时候摘收下来的为胎菊，经干燥加工制成。特级花选用的是头采花蕾初开的嫩芽，精心的蒸制，烘焙而成.具有独特的味道.以它的稀少而颇为珍贵。另外，比胎菊再小一些，完全没有开放的菊花花蕾加工后称为菊米。

第六章　玫瑰花

玫瑰是蔷薇科蔷薇属植物，在日常生活中是蔷薇属一系列花大艳丽的栽培品种的统称。玫瑰原产是中国。在古时的汉语，“玫瑰”一词原意是指红色美玉。长久以来，玫瑰就象征着美丽和爱情。

玫瑰属落叶灌木，枝杆多针刺，奇数羽状复叶，小叶有5～9片，椭圆形，有边刺。花瓣倒卵形，重瓣至半重瓣，花有紫红色、白色，果期在8～9月，扁球形。枝条较为柔弱软垂且多密刺，每年花期只有一次，因此较少用于育种，近来其主要被重视的特性为抗病性与耐寒性。

玫瑰原产我国华北以及日本和朝鲜。我国各地均有栽培。

玫瑰花中含有300多种化学成分，如芳香的醇、醛、脂肪酸、酚和含香精的油和脂，常食玫瑰制品中以柔肝醒胃，舒气活血，美容养颜，令人神爽。玫瑰初开的花朵及根可入药，有理气、活血、收敛等作用、主治月经不调，跌打损伤、肝气胃痛，乳臃肿痛等症。玫瑰果的果肉，可制成果酱，具有特殊风味，果实含有丰富的维生素C及维生素P，可预防急、慢性传染病、冠心病、肝病和阻止产生致癌物质等。用玫瑰花瓣以蒸馏法提炼而得的玫瑰精油（称玫瑰露），可活化男性荷尔蒙及精子。玫瑰露还可以改善皮肤质地，促进血液循环及新陈代谢。

玫瑰花蕾是一种名贵的中药材，它富含香茅醇、丁香油酚、苯乙醇以及锌、钾、钠、钙、硒等多种微量元素，其中香茅醇含量高达60%、丁香油酚和苯乙醇的含量达到1%。泡茶饮用时口感芳香浓

郁、香气悠长，令人神清气爽。中医认为，玫瑰花蕾具有理气解郁、活血散瘀、调经止痛、软化心脑血管之功效；其味甘微苦、性温，能够温养人的心肝血脉，舒发体内郁气，起到镇静、安抚、抗抑郁的作用。

第一节　玫瑰的形态特征

直立灌木，植株高度 1～2 米；茎直立，密生锐刺，杆粗壮，枝丛生；分枝多、枝条细，新生枝条嫩绿色，小枝密被绒毛，并有针刺和腺毛，有直立或弯曲、淡黄色的皮刺，皮刺外被绒毛；一年以上的枝条灰绿色，刺稀疏；多年生枝条褐色，刺少并木质化。

玫瑰为浅根系植物，根系主要分布与地表下 20～60 厘米土层，根系生长与分布玫瑰根系比较发达，没有明显的主根，以水平根为主，纵横交错，须根较多，垂直根系较少，一般生长 15～20 年的水平根粗度可达 3.5～4 厘米，而垂直根粗度仅有 1.5～2 厘米，根皮呈棕色，老根为棕色、黑色，其韧皮部呈淡红色。根系的生长和入土深度易受地形、土壤及地下水的影响。在土壤黏重、通气性差的土壤中，水平根延伸较慢，根的数量也少。相反，栽植在土壤肥沃的沙质土壤上，水平根系延伸快，须根数量也多。栽植在陡坡或堰边上的植株，水平根生长少。一般 4～5 年生玫瑰，水平根向外延伸可达 2 米左右，远远超过其株丛的投影，垂直根在土层深厚的条件下也可达到 2 米以上，垂直根虽然在根系中占比例很少，但在适应不同的生态环境及整个生命周期中起着至关重要的作用。

叶互生，奇数羽状复叶，小叶有 5～9，连叶柄长 5～13 厘米，叶柄基部有刺常对生；小叶片椭圆形或椭圆状倒卵形，长 1.5～4.5 厘米，宽 1～2.5 厘米，先端急尖或圆钝，基部圆形或宽楔形，边缘有尖锐锯齿，上面深绿色，有光泽，无毛，叶脉下陷，有褶皱，下面灰绿色，中脉突起，网状脉明显，密被绒毛和腺毛，有时腺毛不明显；叶

柄和叶轴密被绒毛和腺毛；托叶大部贴生于叶柄，离生部分卵形，边缘有带腺锯齿，下面被绒毛。

花单生于花枝叶腋，或数朵簇生，苞片卵形，边缘有腺毛，外被绒毛；花梗长 5～22.5 毫米，密被绒毛和腺毛；花直径 4～5.5 厘米；萼片 5 个，卵状披针形，先端尾状渐尖，常有羽状裂片而扩展成叶状，上面有稀疏柔毛，下面密被柔毛和腺毛；花瓣倒卵形，重瓣至半重瓣，芳香，紫红色至白色；花柱离生，被毛，稍伸出萼筒口外，比雄蕊短很多。

果扁球形，直径 2～2.5 厘米，砖红色，肉质，平滑，萼片宿存。花期在 5～6 月，果期在 8～9 月。

第二节　玫瑰的生物学特性

一、玫瑰的生长发育周期

萌动期：一般在 3 月中下旬，玫瑰芽开始萌动，然后逐渐膨大，鳞片开裂，芽尖及幼叶吐露。

展叶期：4 月上旬至五月初，新叶大量展开，此期营养生长及花芽分化旺盛，需要养分较多。

现蕾期：5 月上旬至中旬，营养生长稳定后，花蕾开始显现并膨大饱满。药用玫瑰为未开放的饱满花蕾。

开花期：5 月下旬直至 6 月中下旬，花期为一个月左右，玫瑰花从初开到凋谢。此期为观赏用玫瑰花的采收期。

营养生长期：6 月上旬至 10 月上中旬，玫瑰花枝上的叶腋芽形成侧枝，在这些侧枝上有长出新的叶腋芽。同期还有底薪萌生的新枝及新芽、各级枝条上形成新侧枝和新芽。修剪应在此期开始进行。

越冬期：10 月中下旬至第二年 2 月，玫瑰植株停止地上枝叶生

长，芽休眠越冬。

二、玫瑰对环境条件的需求

玫瑰喜阳光充足，耐寒、耐旱，喜排水良好、疏松肥沃的壤土或轻壤土，在粘壤土中生长不良，开花不佳。宜栽植在通风良好、离墙壁较远的地方，以防日光反射，灼伤花苞，影响开花。

玫瑰对土壤的酸碱度要求不严格，微酸性土壤至微碱性土壤均能正常生长。多个不同盐碱地区栽植表面，在滨海土壤含盐量0.6～0.8%，内陆土壤含盐量1～1.5%、pH值9.5左右的盐碱地依然生长良好。

玫瑰为阳性植物，日照充分则花色浓，香味亦浓。生长季节日照少于8小时则徒长而不开花。

耐旱性强，在干旱贫瘠地区连续60天无雨时能正常生长发育。对空气湿度要求不甚严格，气温低、湿度大时发生锈病和白粉病；开花季节要求空气有一定的湿度；高温干燥时产油率则会降低。当土壤中含水量低于10%时，新根系停止发生；土壤含水量在12%～16%时，最适宜玫瑰根系的生长发育。

耐寒性极强，冬季有雪覆盖的地区能忍耐-38℃至-40℃的低温，无雪覆盖的地区也能耐-25℃至-30℃的低温，但不耐早春的旱风。土壤尚未解冻而地面风大的地区，枝条往往被风吹干；若土壤已解冻，根部不断向茎输送水分和养分，风不能造成严重危害。干燥度大于4的地区需要有灌溉条件才能正常发育。地下5厘米地温升至1.6℃～2℃时，根系开始生长。温度在12℃～15℃时，是根系生长最适宜时期，高于30℃或低于0℃时，根系则停止生长。

第三节　药用玫瑰的栽培与管理

玫瑰为蔷薇科多年生草本植物，药用玫瑰主要以花蕾入药，其

叶、根也可药用。其栽培管理技术如下。

一、繁殖方法

玫瑰可采用播种、扦插、分株、嫁接等方法进行繁殖。

(一)分株法

易于成活,故多采用。可从大花墩旁挖取生长健壮的新株,剪去茎的上部,从根部向上留 25cm,挖 20～25cm 深的穴坑,栽下,填土压实,然后浇水。可于春季或秋季进行。选取生长健壮的玫瑰植株连根掘取,根据根的生长趋势情况,从根部将植株分割成数株,分别栽植即可。一般可每隔 3～4 年进行一次分根繁殖。

(二)扦插法

春、秋两季均可进行。玫瑰的硬枝、嫩枝均可作插穗。硬枝扦插,一般在 2～3 月植株发芽前,选取 2 年生健壮枝,截成 15～20 厘米的段子作插穗,下端涂泥浆,每段 2～3 个壮芽,插入插床中,深度以地下 2/3、地上 1/3 为宜。一般扦插可于 1 个月左右生根,然后及时移栽养护。扦插亦可于 12 月份结合冬季修剪植株时进行冬插。

(三)嫁接法

一般选用野蔷薇、月季作砧木,于早春 3 月用劈接法或切接法进行。

(四)种子繁殖

单瓣玫瑰可用种子繁殖。当 10 月种子成熟时,及时采收播种;或将种子沙藏至第二年春播种。复瓣玫瑰不结果实,因此不能用种子繁殖。

二、栽培管理

(一)品种

玫瑰为蔷薇科植物,我国分布的玫瑰有数十个品种,大多只供观赏用,真正较高药用价值的品种有国内的可选用药用红玫瑰、丰花玫瑰、重瓣玫瑰或紫枝玫瑰等品种。

(二)选地整地

玫瑰适应性强,一般质地土壤均可栽植,但为了尽快获得丰产,应选择光照充足、地势平坦、土层厚度在50厘米以上、保水、保肥、排水良好、有机质含量高、结构疏松的土壤质地,以利于玫瑰的生长发育。切忌在盐碱程度大、黏重土壤或低洼积水地块栽植。最好地势高燥、向阳、通风良好(远离墙壁)。

(三)整地施肥

移栽前每667平方米施2000～3000千克腐熟人粪尿、堆肥及适量磷钾肥等,深耕细耕,整畦,畦宽100厘米,畦高10～15厘米,畦面做成瓦背形,两边挖30厘米深的排水沟。

(四)定植

玫瑰抗逆性强,易成活,全年均可栽培,但以春栽和秋栽为好。按行距1.5～2米,株距0.6～0.8米挖穴,穴深40～50厘米,穴径50～60厘米,或挖深宽各0.6～0.8米的定植沟。施入适量土杂肥,上面覆盖5厘米细土,将嫁接玫瑰苗栽入穴内,把根系向四周理平放开,盖土踏实,浇透定根水。嫁接苗要求砧木根系发达,茎粗3～4毫米,株高30厘米。栽植时间:玫瑰适宜的栽植季节是春季和秋冬季,春季栽植时间在解冻后至萌芽前,一般在3月上旬～4月

上旬，此时地温升高，根系进入生长期，地上枝条没有萌发，伤根、断根易于恢复；秋冬季栽植时间在落叶后至封冻前，一般在10月中旬～12月中旬，随着气温降低，植株地上部分叶片大量脱落，营养回流，此时根系没有停止生长，栽植后伤根、断根快速愈合，萌发出新根，秋冬季栽植时间越早，成活率越高。玫瑰苗有嫁接苗、分药苗、纤插苗之分，定植密度，嫁接苗适当密一些，分药苗宜稀植；杆插苗介于两者之间。

特别注意：玫瑰栽植前观察苗木根系含水量，如果缺水则浸泡根系2～3小时。栽植深度以保持移苗时入土深度为宜，过深则生长不旺，苗子的嫁接部位要在地面以上。栽时要保持土壤湿润，先在定植穴内施入底肥，填土踩实，植入苗木，填入表土踩实，轻轻提苗保证根系舒展，填入心土踩实，土壤层层踩实避免根系周围出现“气袋”或“水袋”，栽植后浇透定根水。为保证根系水分，栽植后应在嫁接部位以上15～20厘米处截干。秋冬栽植根部培大土堆，第2年春天扒到嫁接部位以下。

(五)田间管理

根际培土：在玫瑰落叶后，对玫瑰基部进行培土4～8厘米，促进根系的生长。

深翻改土：栽植2～3年后，采收后结合施肥，分年进行。从定植穴外缘顺行向，沟深40～50厘米，宽50～60厘米，深翻时尽量少伤植株大根。

中耕除草：每年进行4～5遍，保持土壤疏松。中耕深度一般为10～15厘米，勿伤及根。

合理施肥：秋季采收后，在植株周围开环状沟追肥，以农家肥为主，2000～3000千克/667 m²，加入适量饼肥、钙肥，拌匀施入，进行一次冬灌。早春玫瑰花芽开始萌动时，结合浇水，追施萌芽肥，以氮肥为主，适量配合磷肥，根据苗木大小定追施量，每亩40千克

左右，目的是解决花芽分化、萌芽开花对贮藏营养的需求量大，而植株养分不足的矛盾，此遍追肥特别重要。在玫瑰现蕾开花阶段追施速效复合肥 10 千克/667 m^2，也可进行根外施肥（又称叶面施肥），常用于叶面喷施的肥料有尿素、磷酸二氢钾及微量元素，喷肥时，要选择凉爽、无风、空气湿度低的天气，以傍晚、阴天为宜。施肥时若土壤干旱灌一次透水。秋施基肥非常重要，是下一年丰产的基础，也是植株提高抗性的基础，秋施基肥一般占全年总施肥量的 70%～80%。以有机肥为主，配合磷肥，少施或不施氮肥。

灌溉与排水：萌芽期，如果春季干旱应当浇水，萌芽水要浇小水，避免过度降低地温，导致根系活动迟缓。开花期根据植株的外观形态判断水、肥需求，土壤含水量应达到田间持水量的 60%～70%，干旱会减少花的产量，降低花的品质，在旱季应注意灌溉；雨季要防涝排水，以防烂根。秋季应适当控制土壤水分，以防后期徒长，造成冬季冻害。

（六）修剪整枝

修剪分为冬春修剪和花后修剪。玫瑰花芽是在开花当年形成的，多分布在当年生枝顶和中上部，以及 2 年生枝的假顶芽内。秋冬季修剪在植株落叶后至萌动前进行，以疏剪为主，对于病虫枝、枯枝、细弱枝、过密枝条、徒长枝要从枝条基部剪除，改善株丛通风透光状况。根据“强枝轻剪、弱枝强剪、强剪发强枝、轻剪育花枝”的原则，植株健壮、生长空间大的可适当轻剪，刺激侧芽萌发，促进抽生新梢，调节植株生长势。对肥水条件差、植株长势弱的要适当强剪，只留枝条基部的 3～5 个芽，缩短枝轴和养分运输距离，增强树势。冬春修剪，在玫瑰落叶后至发芽前进行，疏除病虫枝、过密枝和衰老枝，适当短剪，促发分枝。对于生长势弱、老枝多的玫瑰株丛要适当重剪，促进萌发新枝、恢复长势。夏末花后修剪主要用于生长旺盛、枝条密集的株丛疏除密生枝、交叉枝、重叠枝、并适当

轻剪，主要是轻剪抑制新梢徒长，增加分枝级次，促进营养积累。丰花玫瑰嫁接砧木蔷薇，萌芽力强，适时清除根部萌蘖枝芽，避免消耗养分。

三、病虫害防治

玫瑰的病虫害防治做到“早观察、早预防、早治疗”。①加强肥水管理，适量施用氮肥，避免徒长，提高植株抗病虫害能力。②秋冬季结合修剪清除病枝、弱枝，或植株发芽前喷施石硫合剂，铲除越冬菌源、越冬虫卵。③药剂防治，需要注意农药残留期，采花前15～20天不能喷施任何化学农药。

（一）黑斑病。

主要危害植株的叶片和叶柄，病原菌侵染初期叶片上会出现黑褐色小点，以后逐渐扩大至近圆形或圆形斑点，发病后期黑色病斑周围组织黄化，最终导致叶片脱落。药剂防治可喷施47%加瑞农可湿性粉剂600～800倍液、40%氟硅唑乳油3000倍液、10%苯醚甲环唑水分散粒剂3000倍液、12.5%烯唑醇800～1000倍液等。

（二）白粉病。

主要危害新叶、嫩梢、叶柄、花柄、花托、花萼等，幼芽受害不能适时展开，比正常芽展开晚，且生长迟缓；病部有大量白色粉状物，危害严重时叶片皱缩或卷曲，花蕾萎缩干枯，逐渐脱落。浇水尽量采用滴灌，选择上午灌溉。通过降低空气湿度，减少病原菌的传播。药剂防治可喷施20%三唑酮乳油1500～2000倍液、25%敌力脱乳油2000～3000倍液、12.5%腈菌唑1500～3000倍液、10%苯醚甲环唑水分散粒剂2000～3000倍液、43%戊唑醇悬浮剂3000倍液等。

(三)蚜虫。

蚜虫个体小,繁殖力强,群集于新枝为害玫瑰的幼嫩组织,为害初期症状不明显,容易被忽视。植株受害后枝梢生长缓慢,花蕾和幼叶不易伸展,花形变小。防治措施:①保护和利用天敌草蛉、瓢虫、食蚜蝇、蚜茧蜂等。②干旱年份发病严重,在植株发芽前喷施29%石硫合剂50～100倍液,消灭越冬虫卵。③药剂防治可喷施46%氟啶·啶虫脒水分散粒剂8000倍液、70%吡虫啉水分散粒剂4000～6000倍液、20%啶虫脒可湿性粉剂1500～2000倍液。④利用黄板诱杀有翅蚜虫,或采用银白色锡纸反光拒避迁飞的蚜虫。

(四)红蜘蛛。

高温干旱的季节易发生红蜘蛛,该虫主要为害植株叶片,受害叶片表现出灰白色的小点,逐渐失绿、失水,导致植株生长缓慢,再严重时植株落叶枯死。防治措施:①保护天敌瓢虫、草蛉等。②药剂防治可喷施联苯肼酯悬浮剂2000～3000倍液、24%螺螨酯悬浮剂4000～6000倍液、5%阿维菌素乳油4000～6000倍液、20%哒螨灵可湿性粉剂3000～4000倍液。

第四节　玫瑰的采收与加工

一、采收

药用的玫瑰花一般分三期采收,有“头水花”“二水花”“三水花”之分。其中“头水花”肉分厚、香味浓、含油分高、质量最佳。采收标准是已充分膨大但未开放的花蕾。时间大约在4月下旬至5月下旬,即盛花期前。

而提炼玫瑰精油的花要掌握在花开放盛期采收，大约时间在5月上、中旬。采收标准为花朵刚开放，呈现环状；如花心保持黄色，虽花已开足但仍能采。如到花心变红时再采，质量就显著下降。采花时间可从清早开始，8～10时采的油量最高；如遇低温，花未开放，则可推迟采花时间。

食用花仅收集采花阶段中之散瓣花。采下的鲜花要及时晒干、阴干或烘干，要防潮、避光，避免发霉变质。

鲜花蕾的收购方式及标准在集中收购鲜花蕾的季节，加工部门按照定点农户进行收购，要求花蕾色泽鲜艳、花朵大小均匀、弱小花蕾少于5%、蕾托完整、无花柄无杂质、无虫蚀、无异味、香味纯正、无半开花蕾、无开放花朵。中药用鲜花蕾的挑选收购的鲜花蕾按品种分类存放，禁止混合存放，并要认真进行挑选，做到无杂质、无半开花蕾或全开放花和弱小花蕾、无与玫瑰花蕾近似的非玫瑰花蕾、无外地玫瑰花蕾以及变质、变味的玫瑰花蕾等。

二、加工处理

(1)药用玫瑰烘干。

需有宽敞、明亮、通风、地面用水泥抹平、面积约100平方米的厂房一处，在厂房内靠一侧建长8米、宽4米、高2.5米的加工车间。车间内间距均匀地安装3排、36个高1.7米、直径约10厘米的热气筒，每个热气筒单面有9行出气孔，每行6个孔眼，靠加工室墙壁两侧各安装一排单面出气孔的热气筒，出气孔背向墙壁；中间一排是双面出气孔的热气筒，它把加工车间分隔成2个烘干室，每个烘干室在地面上都留有经过地下排气管道通向厂房隔壁的排气口，加工过程中烘干室内产生的潮气由此排出。每个烘干室的两头均安装有密封完好、可开关的铁门，以便于烘干车的进出。其中一扇铁门外面安装有室内温度表，在室外便可观测烘干室内的温度，以便随时调节温度。每个烘干室内顺热气筒方向可排列放置6

辆烘干车，每辆烘干车长 1.4 米、宽 1.0 米、高 2.2 米，分为 12 层，有 2 排，可放置 24 个装花蕾的箅子。在加工室一墙之隔的邻间，安装有自动控温调节设备，以及板式螺旋气流烘干机和 30 千瓦的大冷风机。板式螺旋气流烘干机产生的高温气流与大冷风机的冷风相混合形成温度高达 200℃的干热风，由通风管道送往加工车间，再由热气筒排出，使烘干室温度升高，对花蕾进行加热烘干。加工车间正常工作时，室内温度为 50℃～95℃，花蕾从进料到出料的烘干过程大约需要 8 小时。

具体操作方法：鲜花蕾上箅与装车挑选后的鲜花蕾要均匀摆放在有铁丝网底的木框烘干箅内，花瓣统一向下或向上，厚度一致，勿挤压；摆满花蕾的烘干箅装车时要轻装轻放，花蕾不能变形、磨损。

鲜花蕾的缩水烘干装好花蕾的烘干车在进入烘干室之前，首先检查烘干室内有无漏气、漏烟现象及灰尘，热气筒的出气孔是否畅通，如发现应及时修整，达到要求标准后方可进入烘干车。装满花蕾的烘干车要轻轻推入烘干室，关闭烘干室门进行升温，严格控制室内温度，依次顺序更换文火烘烤，定时转换风向，确保花蕾干湿均匀、色泽鲜艳。

干花蕾出炉烘干车进入烘干室大约 8 小时，人工检测干花蕾，只要色泽鲜艳，具有玫瑰特有的香气，花蕾呈饱满纺锤形，颜色为紫红色或酱紫红色，花托、花萼为黄绿色，用手捻花蕾呈粉片状，大部分花托用手捻碎后呈粉丝状时，表明花蕾已干透，此时装满干花蕾的烘干车就可以推出烘干室。

农户可采取如下办法：先晾去水分，依次排于有铁丝网底的木框烘干筛内。花瓣统一向下或向上，依次顺序更换文火烘烤，到花托掐碎后呈丝状时，表示已干透，一般头水花 4 千克烘 1 千克，其他为 4.5～5 千克烘 1 千克。分级时，以身干色红，鲜艳美丽，朵头均匀，含苞未放，香味浓郁，无霉变，无散摊、碎腰者为佳。花朵开放，

日光曝晒，散瓣一般质量较差。经干燥的花，一般是分装在纸袋里，再贮藏在有石灰的缸里，加盖密封。以后，每年在梅雨季节更换新石灰。

(2)食用花的加工方法，将花瓣剥下，花托及花心去除。100 千克花瓣加 5.7 千克盐、3.5 千克明矾粉、30 千克梅卤，进行均匀揉搓，并不断翻动、压榨去汁，使重量仍保持 100 千克左右，再加食糖 100 千克，充分拌和均匀后装坛备用。配方中食盐是防腐；明砚使花瓣硬而不粘，增添外观美感；用柠檬酸是保持花瓣的鲜艳，色泽不退，经加糖后即成为含有少量黏稠浅棕色液的玫瑰红色花泥，具有浓郁扑鼻的玫瑰油香气，食之香甜，略带酸成味。

第七章　薰衣草

薰衣草又名香水植物，灵香草，香草，黄香草，拉文德。属管状花目唇形科薰衣草属，一种小灌木。茎直立，被星状绒毛，老枝灰褐色，具条状剥落的皮层。叶条形或披针状条形，被或疏或密的灰色星状绒毛，干时灰白色或橄榄绿色，全缘而外卷。轮伞花序在枝顶聚集成间断或近连续的穗状花序；苞片菱状卵形，小苞片不明显；花萼卵状筒形或近筒状；花冠长约为曹的二倍，筒直伸，在喉部内被腺状毛。小坚果椭圆形，光滑。原产于地中海沿岸、欧洲各地及大洋洲列岛，后被广泛栽种于英国及南斯拉夫。其叶形花色优美典雅，蓝紫色花序颀长秀丽，是庭院中一种新的多年生耐寒花卉，适宜花径丛植或条植，也可盆栽观赏。

薰衣草含挥发油1%～3%，用于治疗疾病可以追溯到古罗马和古希腊时代。薰衣草精油仍像过去几个世纪那样普遍应用。薰衣草精油是许多不同类型的芳香族化合物组成的复杂混合物，30多种成分。

薰衣草茶是以干燥的花蕾冲泡而成，取一大匙放进壶中，再倒入沸水，只需焖5分钟即可享用，不加蜂蜜和砂糖也甘香可口。这道茶不带副作用，并具有镇静、松弛消化道痉挛、清凉爽快、消除肠胃胀气、助消化、预防恶心晕眩、缓和焦虑及神经性偏头痛、预防感冒等众多益处，沙哑失声时饮用也有助于恢复，所以有“上班族最佳伙伴”的美名。

薰衣草原野生于法国和意大利南部地中海沿海的阿尔卑斯山南麓一带，以及西班牙、北非等地。13世纪，它是欧洲医学修道院

园圃中的主要栽种植物，15 世纪，海尔幅夏地区开始种植；16 世纪末，在法国南部地区开始栽培；18 世纪，萨里的密契、伦敦南区的熏衣山、法国的普罗旺斯、格拉斯附近的山区都以种植薰衣草而闻名，并成为世界闻名的旅游胜地；19 世纪，英、澳、美、匈、保、俄、日等国相继引种栽培，现已遍及地中海与黑海沿岸诸国。国内经过数十年的精心培育，薰衣草在天山脚下伊犁河畔形成规模。薰衣草是一种名贵而重要的天然香料植物，其香气清香肃爽、浓郁宜人。天山山脉腹地的新疆伊犁哈萨克自治州，是中国薰衣草种植加工的主要基地，是亚洲地区最大的香料生产基地。现在作为观赏花卉及中药材，北方其他区域亦有小面积种植。

第一节　薰衣草的形态特征

薰衣草是一种多年生亚灌木植物，直立生长，高度 30～100 厘米，根系比较发达，主根呈现圆锥形，根须比较茂密。分枝较多，被星状绒毛，在幼嫩部分较密集，分枝四棱形，灰色绒毛较密；老枝木质化，灰褐色或暗褐色，皮层作条状剥落，具有长的花枝及短的更新枝。叶线形或披针状线形，还有椭圆形的披针形，无柄，青绿色或灰青色，在花枝上的叶较大，疏离，长 3～5 厘米，宽 0.3～0.5 厘米，被密的或疏的灰色星状绒毛，干时灰白色或橄绿色，在更新枝上的叶小，簇生，长不超过 1.7 厘米，宽约 0.2 厘米，密被灰白色星状绒毛，干时灰白色，均先端钝，基部渐狭成极短柄，全缘，边缘外卷，中脉在下面隆起，侧脉及网脉不明显。

轮伞花序通常具 6～10 花，多数在枝顶聚集成间断或近连续的穗状花序，穗状花序长约 3～5 厘米，花穗长可达 15～25 厘米，花序梗长约为花序本身 3 倍，密被星状绒毛；苞片菱状卵圆形，先端渐尖成钻状，具 5～7 脉，干时常带锈色，被星状绒毛，小苞片不明显；花具短梗，蓝色，密被灰色、分枝或不分枝绒毛。花萼卵状管形或近

管形,长4～5毫米,13脉,内面近无毛,二唇形,上唇1齿较宽而长,下唇具4短齿,齿相等而明显。花冠长约为花萼的2倍,具13条脉纹,外面被与花萼同一毛被,但基部近无毛,内面在喉部及冠檐部分被腺状毛,中部具毛环,冠檐二唇形,上唇直伸,2裂,裂片较大,圆形,且彼此稍重叠,下唇开展,3裂,裂片较小。雄蕊4个,着生在毛环上方,不外伸,前对较长,花丝扁平,无毛,花药被毛。花柱被毛,在先端压扁,卵圆形。花盘4浅裂,裂片与子房裂片对生。花冠长度约1.2厘米左右,花冠呈现紫色、淡紫色,薰衣草常见的颜色是紫蓝色,还有蓝、深紫、白色、粉红色等,花期一般在6～8月。薰衣草整个植株带有木头甜味的香气,薰衣草的茎、叶和花的绒毛上都有油腺,轻轻触碰油腺即破裂而释放出香味儿。

小坚果4,椭圆形,光滑,有光泽,具有一基部着生面。

第二节　薰衣草的生物学特性

一、对温度的适应性

薰衣草具有很强的适应性。成年植株既耐低温,又耐高温,在收获季节能耐高温40℃左右。陕西黄龙地区,薰衣草植株安全露地越冬在-21℃;新疆地区,经埋土处理、积雪覆盖可耐-37℃低温。幼苗可耐受-10℃的低温。薰衣草在翌年生长发育过程中,其最佳生长及开花温度为15～30℃,在5～35℃均可生长。平均气温在8℃左右,开始萌动需10～15天;平均气温在12～15℃,植株枝条开始返青伸长需20天;平均气温在16～18℃,开始现蕾需25～30天;平均气温在20～22℃,开始开花;平均气温在26～32℃,是结实期。

二、对光照条件的要求

薰衣草属长日照植物,生长发育期要求日照充足,遮阳不利于

生长。对日照时数要求不严，年日照时数 1244.7～2820.4 小时均能良好地生长。植株若在阴湿环境中，则会发育不良、衰老较快。

三、对水分条件的要求

薰衣草是一种性喜干燥、需水不多的植物，年降雨量在 600～800 毫米比较适合。返青期和现蕾期，植株生长较快，需水量多；开花期需水量少；结实期水量要适宜；冬季休眠期要进行冬灌或有积雪覆盖。所以，一年中理想的雨量分布是春季要充沛、夏季适量、冬季有充足的雪。

四、对土壤的条件的要求

薰衣草根系发达，性喜土层深厚、疏松、透气良好而富含硅钙质的肥沃土壤。酸性或碱性强的土壤及黏性重、排水不良或地下水位高的地块，都不宜种植。

第三节　薰衣草栽培技术

一、选地整地施基肥

薰衣草喜光、喜肥、喜质地疏松土壤，忌涝不耐盐碱，又是多年生小灌木，生长周期可达 10 余年，在对薰衣草进行种植时，需要选择合适的土壤，选择排水性能比较好的，土层深厚，肥力中等有机质丰富的砂壤土或的中性土壤，或是微碱性土壤，不能在低洼地和酸性土壤中种植薰衣草。选择好土壤后，要对土壤进行翻种，翻地的深度应在 26 厘米左右，并施足基肥，每亩施腐熟有机肥 1500～2500 千克磷酸二铵 15～20 千克、尿素 8～10 千克、硫酸钾 5～8 千克，施肥后，根据地块的大小对畦面以及沟宽进行调整，保证其美观，然后整地作畦，畦宽 4～6 米，长度视地形而定。做到畦内平整

一致，排灌方便。对于一些地势比较低矮的地区，应挖深沟，做好排水准备工作。

二、繁殖方式

（一）有性繁殖

每年的5月至10月是薰衣草开放的时分播种育苗，繁殖快、根系发达、幼苗健壮，但变异性大，是选种的良好材料。种子应选大小均匀、籽粒饱满、有棕褐色光泽的。播种前要进行晒种，需要将种子浸泡12小时，再用20～50 ppm赤霉素浸种2小时。然后用水清洗晾干后进行播种。播种前需要整理土壤，浇水，等到水下渗后，进行均匀的播种，然后在覆盖上一层薄土，在土上盖上草或者是塑料薄膜。保证温度在15～25℃，苗床要保证湿润，大约10天左右就可以出苗，如果不用赤霉素浸泡种子，大约需要一个月才能够发芽。苗期，需要注意进行喷水工作，如果苗过于密集，需要进行间苗，当苗生长到10cm时，就可以进行移栽。一般在4月可用种子播种繁殖，种子发芽的最低温度为8～12℃，最适温度为20～25℃，5月进行定植，但薰衣草种子繁殖变异较大且种子价格较高。

（二）无性繁殖

薰衣草主要以扦插繁殖为主，它可以保持母本的优良品质。扦插繁殖也是薰衣草繁殖的重要方法，薰衣草能够尽快地适应扦插繁殖，春季和秋季都可以进行扦插繁殖，在夏季也可以利用嫩枝进行扦插繁殖，但是管理上比较麻烦。一般选择在春季进行扦插繁殖。扦插繁殖前，需要准备苗床，需要规划1.5米的畦面，并留出40米宽的过道，将1∶3的泥炭土和2∶3的粗砂混合制作扦插基质，并将其平铺在畦面上，保证15厘米左右的厚度，并用砖头码边。扦插繁殖时需要注意插条的质量，这将影响扦插的成活率，在发育

良好的植株上选择没有抽穗的、节间短且比较粗壮的枝条作为插条，已经出现的花序的顶芽扦插不能使用，在茎节处切插穗的口，并保证平滑。去掉底部的2节叶片，然后用生根剂100倍液浸一浸，处理过后插在基质中，大约5厘米，行距要保持10厘米。扦插完毕后，要浇水，用塑料薄膜进行覆盖，大约2～3周，插条就可以生根。扦插苗的湿度、温度要有保证，使根系生长比较发达，对延伸枝进行修剪，并将花穗进行摘除。扦后将苗放在通风凉爽的环境里，前3天保持土壤湿润，以后视天气而定，保证枝条不皱叶、干枯，提高成活率。扦插苗的管理比较方便，整个苗期都不用施肥，生产上采用较多。

三、田间管理

(一)定植

薰衣草可分为春、秋两季定植，秋植比春植成活率高，且早春生长快。多数以秋季定植为主，一般在10月份进行定植。定植苗应选生长健壮，分枝8个以上，无病虫害的苗木，定植前用50%多菌灵可湿性粉剂500倍液或50%甲基托布津可湿性粉剂700～800倍液蘸根，进行防病处理。根据土壤、气候和栽培技术条件等确定定植密度。株行距配置一般为60厘米×120厘米，此密度便于中耕、除草、施肥、越冬埋土和植株生长后期的管理。植株定植深度比原来在苗圃地深5厘米。定植后及时浇水，适时埋土，做好越冬准备。为了提高产量，及早获得效益，也可采用前3年株行距为60厘米×60厘米，3年后隔行移一行，变为60厘米×120厘米的株行距。

(二)中耕除草

薰衣草定植后第1年植株生长缓慢，应在开春幼苗出土和每次

灌水后及时中耕除草，保证田间无杂草，土壤疏松透气，促进根系生长。缓苗和幼苗生长前期，中耕宜浅，不可距离植株太近。

（三）整形修剪

定植多年的薰衣草每年修剪 2 次。第 1 次在 4 月中下旬进行，剪除老枝、断枝、干枯枝、病虫枝；第 2 次。在 8 月下旬进行，剪除干枯枝、病虫枝、下垂枝、密生枝、疏松衰老枝、短截营养枝，促进新生枝，将植株修剪成圆冠形。

（四）合理施肥

在定植前施足基肥的基础上，结合灌水，每年应根部追肥 3 次，叶面追肥 3～4 次，以满足植株对养分的需求，促进健壮生长，获得高产。

根部追肥：第 1 次在植株返青初期（大约 4 月上旬），每亩施充分腐熟的有机肥 500 千克，磷酸二铵 10 千克、尿素 10 千克，在距苗侧 10 厘米处施入，施肥深度 8～10 厘米；第 2 次在现蕾初期（大约 5 月中旬），亩追施尿素 8 千克、磷酸二铵 10 千克，此时，植株生长由营养生长转入生殖生长；第 3 次在收花后施抽条肥（大约在 8 月下旬至 9 月上旬），结合灌水亩追施尿素 5 千克、磷酸二铵 10 千克、硫酸钾 5 千克。

叶面追肥。从返青后至开花前进行 2～3 次；收花后再补喷 1 次。每次亩用磷酸二氢钾 200g（或喷施宝 1 支）＋尿素 80～100g，兑水 30 千克喷施，每隔 7～10 天 1 次，可促进花期整齐一致，提高产量。

（五）科学灌水

全生育期共浇水 6～8 次，以畦灌为主。主要灌好以下 5 次水：第 1 次灌水在苗木出土后进行。此时充足的水分对植株的生长发育具有重要作用,能加快其返青。第2次在现蕾前进行。此时适当的水分,能促进花芽分化,促进现蕾开花。第3次在收获前15天左右进行。此时适量灌水,可延缓薰衣草花萼脱落。第4次在收获后进行。此时适量灌水,有利于植株中后期生长发育,积累养分,为来年丰产打下基础。第5次在土壤封冻前进行冬灌,以利于植株埋土安全越冬,消灭病虫害。

四、病虫害防治

薰衣草的病害主要是根腐病、枯萎病、叶斑病。根腐病、枯萎病等;薰衣草的主要虫害是红蜘蛛、叶蝉、跳甲等。

(一)叶斑病

农业防治:合理密植;合理施肥,增强植株抗病能力。

药剂防治:发病前喷施1∶1∶200波尔多液2~3次进行预防;发病后,用70%代森锰锌可湿性粉剂500~800倍液喷施防治。

(二)根腐病

发病症状:这是一种根部病害。春季,薰衣草苗木不返青或返青不好,然后陆续干枯死亡,剖检病株根部可见维管束大量坏死;或者感病株春季仍可正常返青,现蕾至开花初期花束出现萎蔫,然后开始不断落花直至全部脱落。秋季部分枝条仍能正常萌发新芽,剖检植株根茎部也可见维管束大量坏死。

防治措施:在农业防治上,选取地势平坦、排灌良好的壤土田块种植;种苗须采集无病田枝条留种,并用甲基托布津或多菌灵处理种苗;栽植时起垄要高,采用滴灌;施用充分腐熟的有机肥;秋后剪去枯死的老枝、病枝,修剪幅度不宜过大。越冬前埋土严实,把地上部分80%以上的枝条全部埋在土中,注意不要损伤枝条,土层厚以15~20厘米为宜,过厚易造成植株霉烂,过薄则不能保证植株

安全越冬。在化学防治上,春季开墩后、秋季埋土前及发病初期,可用70%甲基托布津可湿性粉剂400倍液或50%多菌灵可湿性粉剂500倍液进行叶面喷施。

(三)沫蝉

危害症状:沫蝉以若虫吸取薰衣草枝条和花序的汁液,造成植株发生生理干旱,影响生长,并能传播一种菌质病,导致薰衣草凋黄、枯萎。

防治措施:在农业防治上,春季和秋季定植时,加强对苗木的检疫和检查工作,防止该虫通过苗木传播。修剪后,将带虫卵枝条集中烧毁。在物理防治上,每年7~9月,在薰衣草田安装黑光灯诱杀成虫。灯距地面1.5米左右,灯距800米。在成虫期用捕虫网捕捉成虫直接烧毁。在生物防治上,保护天敌,沫蝉的天敌有绒螨、华姬猎蝽、斜结蚁、麻雀、蟾蜍。选择低毒的生物农药。在化学防治上,薰衣草在花期不宜喷洒农药,可在第一代若虫集中发生期即5月中下旬进行防治;8月下旬或9月上旬,当沫蝉成虫开始产卵之前,可进行化学防治。药剂可以选择5%锐劲特1500倍液,或2.5%敌杀死1500倍液。

(四)叶螨

危害症状:叶螨主要为害薰衣草的叶,刺吸汁液,使叶片失绿,出现枯萎干黄的锈斑,导致薰衣草无法正常开花抽穗。

防治措施:在农业防治上,入冬前将枯枝落叶集中烧毁。早春和冬前清除田埂、沟边、路旁的杂草,破坏叶螨的生存场所。合理轮作。在薰衣草的不同生育期科学施肥,促进薰衣草健壮生长。结合农事操作,加强水肥管理,薰衣草对水分要求较高,不耐涝,需水最多的时期是返青现蕾期,生育期各阶段不能干旱。叶螨危害高峰期为7~8月,其间应适时滴灌,调节农田小气候,可有效抑制

叶螨的危害。在生物防治上，一是保护天敌，叶螨的天敌主要有各种草蛉、食螨瓢虫、六点蓟马和捕食螨。二是在发生叶螨的薰衣草田释放捕食螨，以虫治虫。在化学防治上，严禁使用广谱性杀虫剂，以免杀伤天敌。叶螨发生初期，用0.26%苦参碱1000倍液均匀喷施；叶螨大面积发生时，用20%三氯杀螨醇乳油1000～2000倍液，或1.8%阿维菌素乳油3000～4000倍液均匀喷雾，能有效地减少叶螨的虫口基数，防治效果较好。

五、薰衣草的采收

薰衣草的采收时期是开花盛期直至开花末期，即等到田间花有30%已谢、70%盛开花时，一般以晴天上午10时为最佳收割期，收割时不带叶片和杂物，收割下的花及时运回工房加工，一时加工不完的要放在凉棚下降温处理，以待加工。多数种植户并不具备薰衣草加工条件，收割后需要及时提交给加工厂，不可长时间堆放，以防失去加工价值。

第八章 藏红花

藏红花又称番红花、西红花，是一种鸢尾科番红花属的多年生草本植物，也是一种常见的香料。其干燥柱头是一种名贵的中药材，具有强大的生理活性，其柱头在亚洲和欧洲作为药用，具有活血化瘀、调经止痛等功效。藏红花柱头中含有藏红花素、藏红花酸、藏红花醛等独特成分，具有抗肿瘤、防癌、抗氧化、抗诱变等等多种药理活性，对心脑血管疾病及神经性疾病有预防和治疗作用。

是亚洲西南部原生种，最早由希腊人人工栽培。主要分布在欧洲、地中海及中亚等地，最初经印度传入我国西藏，故称藏红花。《本草纲目》将它列入药物之类，现在中国上海、江苏、浙江、河南等地有种植。

第一节 藏红花的形态特征

藏红花是鸢尾科番红花属球茎类多年生草本植物。为三倍体植物，通过母球茎形成子球茎进行无性繁殖。球茎扁圆球形，肥大如大蒜，直径约 3 厘米，宿生于表土层中，外包淡棕色或褐色膜质鞘状叶，内为乳白色肉质，具有多条棕色环节，节上着生芽，每个芽被多层塔型膜质鳞片包被，顶芽 1～4 个，大而明显，侧芽多而小。植株高 15～40 厘米，根 20～40 条。叶片呈线形，基部丛生，基部被膜质鳞片包裹，9～15 枚，灰绿色，长 15～20 厘米，宽 2～3 毫米，边缘反卷；叶丛基部包有 4～5 片膜质的鞘状叶。

每一组叶丛产花 1～3 朵，花茎甚短，不伸出地面；花序顶生，淡

蓝色、红紫色或白色，有香味，直径2.5～3厘米，花被裂片6个，2轮排列，内、外轮花被裂片皆为倒卵形，顶端钝，花筒长4～6厘米细管状；雄蕊三枚，直立，长2.5厘米，花药大、黄色，顶端尖，略弯曲；雌蕊三枚，心皮合生，子房下位，三室，败育、不结实；花柱橙红色，长约4厘米，上部3分枝，分枝弯曲而下垂，柱头略扁，顶端楔形，有浅齿，较雄蕊长，子房狭纺锤形。蒴果椭圆形，长约3厘米。

完整的柱头呈线形，先端较宽大，向下渐细呈尾状，先端边缘具不整齐的齿状，下端为残留的黄色花枝。长约2.5厘米，直径约1.5毫米。紫红色或暗红棕色，微有光泽。体轻，质松软，干燥后质脆易断。将柱头投入水中则膨胀，可见橙黄色成直线下降，并逐渐扩散，水被染成黄色.无沉淀柱头呈喇叭状，有短缝。在短时间内用针拨之不破碎。气特异，微有刺激性，味微苦。以身长，色紫红，滋润而有光泽，黄色花柱少，味辛凉者为佳。

第二节　藏红花的生长发育

一、根的生长发育

藏红花的根主要分布于5～15cm的浅土层，按功能可以分为营养跟和贮藏根。营养根为须根系，具有吸收水分和养分的作用。种球在室内培育获移栽至田间后，营养根由母球茎基部横向长出，1个月内根系基本形成。约2～3层，细长、不分叉，10～20厘米长、0.01～0.1厘米粗，正常情况下须根可达30条以上。贮藏根具有暂时贮藏营养物质的作用，从球茎底部棕色环节的腋芽开始萌发，并向下凸起，逐渐形成一条白色、脆嫩、肉质、形似萝卜的圆锥性状的根，随着植株我生长而增大，大到长3～5厘米，粗0.5～1.3厘米，12月至次年1月贮藏根生长较快，2月中下旬当子球茎进入膨大盛期时，停止生长，贮藏根内的营养物质持续减少，停止生长而

开始萎缩、干瘪、消失。

二、叶的生长发育

球茎在室内贮藏期间,6～8 月份同化叶开始分化,7 月中旬至 8 月上旬分化速度很快,顶芽同化叶先分化,9～24 片叶;随后侧芽同化叶再分化,2～12 片。同化叶分化结束后,9 月中旬叶芽开始萌发,随着叶片从叶鞘内伸出,叶片丛生、无柄、线形,横切面呈反卷形。叶片最后可生长到 20～45 厘米长、0.15～0.38 厘米宽。第二年 3 月中旬后不再生长,叶尖开始变黄,到 4 月下旬叶片全部枯萎。

三、球茎的生长发育

藏红花的球茎开始增长到叶枯成熟需要 185 天左右,新球茎着生在母球茎的节上,从各萌发芽的基部形成。开花结束后,每叶丛基部开始出现种球膨大,其发育过程分为三个阶段。

第一个阶段藏红花球茎处于初生分生组织时期,球茎直径仅 1.5～3.5 毫米。细胞体积小,以细胞分裂为主。

第二个阶段幼球茎由初生分生组织逐渐分化形成初生结构。细胞继续分裂,细胞体积增大,数目增多,球茎直径逐渐增粗,达到 4～10 毫米。

第三个阶段是藏红花球茎膨大成熟期。在早期尚有少数细胞进行分裂,细胞体积继续增大,并达到最大限度。由于细胞体积径向扩大,致使球茎膨大后呈扁球形。球茎发育成熟时,新老球茎交接处细胞栓质化,从而新老球茎互相分离。

四、藏红花花器官发育

在同化叶分化结束后,约 8 月上中旬花芽开始分化,顶端分生组织开始极性分化,生殖器官逐渐形成,约需一个半月。在八月中

旬至九月上旬雌雄蕊形成，约需一个月时间，至此花芽分化至形成完整的花器官。十月下旬至十一月中旬发育完全的花器官迅速长大，随着花开放，柱头迅速伸长，盛开时达定长。从现蕾到开花需1～3天，每朵花开放持续时间约两天，第一天开的花朵鲜艳，此时采收花柱产量高，质量好。温度过低时，柱头生长缓慢，有的萎缩在花被中，造成萎花、烂花。

第三节　藏红花的生物学特性

一、土壤条件

西红花属须根系浅根作物，要求富含有机质、疏松肥沃、排水良好的砂质壤土，pH值以5.5～6.5为宜，忌多雨沥涝，积水严重球茎易腐烂，忌连作，需换茬进行轮作。

二、温度条件

西红花原产地中海沿岸，喜阳光充足的温和温润气候。短日照植物。生长适温约15℃，开花适温16～20℃，土温14～18℃，忌炎热，较耐寒，幼苗期可耐-10℃低温。宜在冬季温暖、最低温度在-7至-10℃以上的地区种植，在繁殖期间，低于-10℃时，植株生长不良，新种球较小，易遭受冻害，在2～5℃的气温条件下，球茎即开始生长，最适生长温度为10～15℃，高于25℃，叶片逐渐变黄，超过30℃，植株停止生长，叶片迅速枯萎，球茎转入休眠。室内贮藏期间，室温对球茎生长发育有很大影响，应随生长发育阶段的推进而渐降，具体为7月至8月中旬同化叶分化期，室温应保持在23～28℃，不能超过30℃，否则同化叶停止分化，会影响来年球茎的生长；8月至9月中旬花芽分化期间要求室温保持在24～27℃，偏高或偏低不利于花芽分化；9月中旬至10月下旬球茎抽芽期间，最适

温度为16～23℃；10月底至11月上旬开花期间最适温度为15～18℃，5℃以下花朵不宜开放，高于20℃以上待放花苞迅速开放，但回抑制芽鞘中幼花的生长发育，并且容易产生萎花烂花现象。因此，开花期如果遇到高温高湿天气，需采取降温排湿措施，如遇低温天气，则需采取加热保温措施，以利开花。

三、水分条件

藏红花种球在室内培育开花时，要求室内空气相对湿度保持在70%，湿度偏低，开花数量少，湿度超过80%容易引起种球放根，造成根枯黄损伤。藏红花种球移到田间种植后，要求保持田间土壤湿润，以利于种球吸水，充分发根和展叶生长。第二年春3～4月新球茎膨大期更需要充足水分，以利于新球茎的增大，但生长期间田间不能积水。花芽分化后期防止湿度过大，以免提前发根并影响球茎繁殖。种球贮藏培养阶段和花芽萌发期应保持阴暗，保湿降温。其余阶段应保持在80%，过低，会影响球茎的分化，已形成的花亦不能顺利开放，若高于85%，易遭真菌的侵袭，产生病害。此外球茎不能直接接触水，否则容易长出营养根，不利于球茎的移栽。

休眠球茎在9月中旬顶芽萌发，10月下旬至11月上旬为盛花期。翌年5月初地上部枯萎，球茎休眠。5～7月为同化叶分化期。8月上、中旬花芽开始分化，到9月中、下旬结束。球茎一年演替更新一次。

四、光照条件

藏红花的生长需要充足的阳光，芽的生长有较强的向光性。在光照充足和适宜的温度下，能促进新球茎的形成和膨大。花芽萌动时，室内应保持阴暗，花芽萌发后，光照对芽鞘长短具有调节作用，当芽鞘长到3厘米时，散射光充足，芽鞘可控制在10～15厘

米，芽鞘短而粗壮，有利开花。光照不足，芽鞘细长，易死花烂花，影响花丝产量和质量。

第四节　藏红花栽培技术

藏红花原产于地中海沿岸各国，属亚热带气候，采用多年生连作栽培，即在田间越夏，田间采花和越冬。我国经 20 多年的引种栽培实验，多采用室内采花与田间培育球茎相结合的“室内—田间”栽培法，即先于室内贮藏开花后，再于田间露地繁殖球茎，其优点是：花柱产量高、品质好，种植前便于及时抹掉侧芽，减少了小球茎比例，大球茎生长发育更好；其次，可避开发病高峰期，减轻病害。

一、选地整地、施足基肥

选择阳光充足、便于排灌、保水保肥性好、肥沃疏松，富含腐殖质的壤土或沙壤土种植，pH 值 5.5～7.5 为宜。选用地块不得有含甲磺隆、苄黄隆等化学除草剂残留，最好能与花生、玉米或水稻等作物轮作。前作物收获后，亩施腐熟粪肥 2000 千克或有机质含量 30%以上的商品有机肥 500 千克，45%硫酸钾复合肥 50 千克，撒施田间，栽种前将土壤深翻，土块打碎，拣除前期作物残根，耙平地面。并起沟整平作畦，畦宽 1.20～1.30 米、沟宽 0.25 米、深 0.25 米左右为宜，并开好横沟。

二、栽种方法

采花结束后选晴天及早栽种，最好时节为 11 月上中旬，最晚不宜晚于 12 月上旬。为预防藏红花球茎病虫害，栽种前要先浸种。腐烂病是藏红花球茎的主要病害，罗宾根螨是西红花球茎的主要虫害。一般用 50%多菌灵 800 倍液与三氯杀螨醇或乐果 3000 倍液混合浸种 20 分钟后立即栽种。藏红花鲜花的产量与球茎的大小

呈正相关。北方地区冬季温度偏低,栽植深度过浅容易引起冻害,植株生长受限,且侧芽容易继续萌发,从而导致球茎繁殖倍数增加,球茎单重减小,影响西红花鲜花产量。如果是沙壤土,土质疏松,排水顺畅,更适合种球深种。栽种前要先剥除种球苞叶,留足主芽,除净侧芽。一般栽种行距 20～25 厘米,球茎单重在 10g 以下时,栽植深度 4～6 厘米,株距 10 厘米;球茎单重在 10～20g 时,栽植深度 6～8 厘米,株距 10～15 厘米;球茎单重在 20～30g 时,栽植深度 8～12 厘米;球茎单重在 30g 以上时,栽植深度 12～15 厘米,株距 20 厘米。冬季温度在-10℃以上时,在行间覆盖稻草,并将沟中的泥土敲碎覆盖于畦面;温度达到-10℃以下时,要铺地膜防寒,地膜铺上后,边上用土压实,并及时进行破膜放苗,使藏红花叶子长出地膜。

三、田间管理

(一)除草

早期田间除草以锄去小草为主,不要轻易翻动植株,要在 3 月底前结束田间松土锄草。不得使用长残效除草剂,要人工除草。北方地区 4 月份以后温度已经开始升高,此后即不宜再给西红花锄草了,保留部分田间杂草可以起到遮阴保湿、降低田间温度的作用,从而延长藏红花的后期生长时间。

(二)肥水管理

栽种后,用腐熟粪肥 5000 千克/亩,覆盖行间作面肥。1 月中旬进行第 1 次追肥,用 45%硫酸钾复合肥 20 千克/亩兑水浇施;在覆盖地膜的地块,根据当年的气温,最低气温稳定在-5℃以上时,除去地膜,进行施肥,施肥时间比不铺地膜的地块稍晚。2 月上旬视苗情施第 2 次追肥,用 45%硫酸钾复合肥 15 千克/亩兑水浇施。

覆盖地膜地块本次施肥视苗情可以省去，后期增施叶面喷肥。2月中旬至3月上旬，进行根外追肥用0.2%磷酸二氢钾溶液，每次间隔7～10天，连喷2～3次。栽种后应保持土壤湿润，雨水过多形成田间积水时要及时排水。

(三)除侧芽

种球栽种时已剔除多余侧芽，进入田间生长后期，如发现另有侧芽长出，用小刀插入土中，连叶片一起剔除。

(四)病虫害防治

藏红花病害主要以藏红花枯萎病、细菌性腐烂病为主，虫害很少发生。

(1)藏红花枯萎病：带菌种球在萌芽时，初期可见黄褐色水渍状斑点。在温暖潮湿的环境下，斑点迅速扩大，引起芽鞘腐烂而死亡。大田植株感病，初期地上部位症状难以发现，仅表现后期叶片提前枯黄。根、球茎受病菌侵染，受害部位先出现黄褐色，边缘不整齐、略下陷，病斑较结实，与健康部位宜分离。发病条件适宜的情况下，病斑迅速扩展，导致种球皱缩干腐、僵化。

发病规律：病原菌在带菌种球和土壤中越冬、越夏。病菌从伤口处入侵，2～4月发生较多，在土温25～28℃时发生严重，10℃以下很少有发病。

物理防治：采取轮作种植，选种时去除病球，播种前用5%石灰水浸种20分钟，再用清水冲洗后播种；控制氮化肥的施用，防正植株过分嫩绿，改善田间小气候，严防雨后积水。发现病株及时拔除。药剂防治：苗期用50%叶枯净1000倍液或75%百菌清500倍液喷雾，每7天喷1次，连续2～3次。发病后可用5%退菌特800倍液浇灌。

(2)细菌性腐烂病：感病种球萌芽时，主芽呈黄色、棕褐色、或

暗红色，并产生水渍状物质，随后萌发芽腐烂，接着周围的侧芽也逐步感染枯死。田间发病先是地下部分由白色转为淡黄色、褐色，根尖无绒毛、坏死，球茎脐部可见水渍状褐色病斑，病斑扩大后凹陷。地上部分叶片短小，叶尖发黄，叶基部呈淡黄水渍状，后期提前枯黄死亡。

发病规律：除种球带菌外，土壤内病菌也是重要的侵染源之一。西红花从出苗到开花，以及盟年 2～3 月新种球膨大期，腐烂发生较重。偏施氮肥，遇干旱或室内生长环境不适宜时，容易发病。

农业防治：选用无病种球和抗性好的品种；采用异地繁殖种球换种可以减轻病害发生；与水稻进行水旱轮作；增施磷钾肥，防止偏施氮肥，增强藏红花自身抗病力。

药剂防治：用 1000 万单位农用链霉素 3000 倍液喷雾

(五)球茎收获

4 月下旬至 5 月上旬，藏红花地上部分枝叶逐渐变黄，便可起挖。挖出后，可在田间晾晒 1～2 天后除去枝叶残根，再摊放在通风阴凉处晾干。最后，将健壮无病菌的球茎按大小标准进行分类，分别储存。球茎质量等级见下表。

把挖出的球茎摊放到室内，堆放高度不宜超过 20 厘米。藏红花室内存放环境要求通风透光、门窗完好无损，以泥土地面为佳，需干燥、少光、阴凉、通风。在室内存放 7 天后，剥去老根，齐顶端剪去母球残叶。球茎按等级分别上匾，球茎芽头朝上，单层摆放。装好球茎的匾放在分层的木架上，每层放置一匾，层间保持 40 厘米距离，地面距离底层应在 50 厘米左右。

四、室内培育与管理

此阶段指藏红花种球从 5 月上中旬起土进入室内培育至 11 月上中旬开花、采花后，将种球移栽到室外繁殖的半年时间。这个阶

段种球要经过休眠、花芽分化、萌芽、开花等时期，是获得产品，提高经济效益的重要阶段。

(一)种球萌芽前期管理

种球上匾上架后至种球萌芽前室内以少光阴暗为主，室内温度不得超过30℃，相对湿度不保持在60%左右，可采用门窗挂草帘或深色窗帘，门窗夜开日关等措施，保持室内室温较低，有利花芽分化。

(二)种球萌芽至开花期管理

8月底9月初种球开始萌芽，等芽长至3厘米时，室内光线要逐步放亮，但应避免直射光的照射，要根据芽的长度调控室内光线强弱，芽过长要增加室内亮度，过短则减弱亮度。同时匾要经常上下互换位置，让各匾所处的生长环境尽量保持基本一致。一般主芽长度要控制在20厘米以内。开花期室内温度在15～18℃。温度太高促使花芽徒长，温度太低不利于球芽发芽。室内相对湿度不得超过70%，一般采用地面洒水或喷雾等方法来调节室内温湿度。

(三)采花、烘花与除侧芽

藏红花萌芽后约50天开花，开花期一般为10月下旬至11月中旬。从现蕾到开花需要1～3天，花蕾在开放前一天生长最快，每天上午11点前开花最盛，下午16点后花瓣呈半开状，每朵花持续开放3天，花蕾从芽顶叶间抽出。每个种球只有数个顶芽能现蕾开花，侧芽不能开花。每一主芽可开花1～5朵，单球开花多的可达十几多，8g以下的种球不能开花。藏红花花期集中、盛花期短，开花盛期在11月上中旬，此时气温往往偏低，达不到开花适温要求，如室内温度低，可在早上8～9时后，将匾移到室外阳光下。开花时要

求室内明亮，光线不足时要用人工照明的方法增加室内亮度。当藏红花的花蕾将开时及时采摘，先对整朵花进行集中采摘后，再进行剥花。采花时宜在花柱的红黄交界处折断，轻撕花瓣，取出花丝。当天采下的花丝宜在 40～50℃的条件下烘干至含水量 10%。要严格控制烘烤温度及时间。

采花时可边采花边摸侧芽，留足主芽，及时剥除球茎长出的侧芽。根据球茎大小留 1～3 个侧芽，其余剥除。球茎重量 15～20g 留侧芽 1 个，25～35g 留侧芽 2 个，40g 以上可留侧芽 3 个。

(四)分级与保存

藏红花的花丝质量等级划分是按照藏红花外观和西红花苷-Ⅰ和西红花苷-Ⅱ的含量之和划分的。特级藏红花深红色，有光泽，无黄点；粗细均匀，线形，长约 3 厘米，下窄上宽，顶端呈喇叭状，顶端细齿状；无花粉、无杂质、无霉变，气特异，微有刺激性，味微苦，无烟焦味及其他异味；西红花苷-Ⅰ和西红花-Ⅱ含量之和≥23%，苦番红花素含量≥5%。一级西红花深红色或暗红色，有光泽，无黄点；粗细基本均匀，线形，长约 3 厘米，下窄上宽，顶端呈喇叭状，顶端细齿状；无花粉、无杂质、无霉变；西红花苷-Ⅰ和西红花-Ⅱ含量之和≥17%。二级西红花暗红色，无光泽，有黄点；粗细不均匀，线形，长约 3 厘米，下窄上宽，顶端呈喇叭状，顶端细齿状；无花粉、无杂质、无霉变；西红花苷-Ⅰ和西红花-Ⅱ含量之和≥10%。烘干好的花丝分级后分别放在避光密闭的容器内保存即可。

第九章　鸡冠花

鸡冠花，中药名。为苋科植物鸡冠花的干燥花序。中文别名：鸡髻花、老来红、芦花鸡冠、笔鸡冠、小头鸡冠、凤尾鸡冠、大鸡公花、鸡角根、红鸡冠。一年草本植物，夏秋季开花，花多为红色，呈鸡冠状，秋季花盛开时采收，晒干。

原产非洲、美洲热带和印度。喜阳光充足、湿热，不耐霜冻。不耐瘠薄，喜疏松肥沃和排水良好的土壤。世界各地广为栽培，普通庭园植物。具有很高的药用价值。

鸡冠花味甘、涩，性凉，归肝、大肠经，具有收敛止血，止带，止痢功效，主用于吐血，崩漏，便血，痔血，赤白带下，久痢不止。

鸡冠花生长于秋天，当夏天的热情被秋风萧瑟所代替，人们心情日渐忧郁时，鸡冠花如似火的绽放着，火红般的颜色、花团锦簇，人们因此赋予它"真爱永恒"的花语。

第一节　鸡冠花的形态特征

鸡冠花，一年生直立草本，一般植株高度 40～100 厘米。鸡冠花植株有高型、中型、矮型三种，矮型的只有 30 厘米高，高的可达 2 米。全株无毛，茎直立粗壮，红色或青白色。分枝少，近上部扁平，绿色或带红色，有棱纹凸起。

叶互生有柄，叶有深红、翠绿、黄绿、红绿等多种颜色；单叶，叶片长 5～13 厘米，宽 2～6 厘米，先端渐尖或长尖，基部渐窄成柄，全缘。

花聚生于顶部，形似鸡冠，扁平而厚软，长在植株上呈倒扫帚状。花色亦丰富多彩，有紫色、橙黄、白色、红黄相杂等色，不同颜色的鸡冠花药性基本一致。种子细小，呈紫黑色，藏于花冠绒毛内。为穗状花序，多扁平而肥厚，呈鸡冠状。长8～25厘米，宽5～20厘米，最大直径可达40厘米。上缘宽，具皱褶，密生线状鳞片，下端渐窄，常残留扁平的茎。表面红色、紫红色或黄白色；中部以下密生多数小花，每花宿存的苞片及花被片均呈膜质。

胞果卵形，长约3毫米，熟时盖裂，包于宿存花被内。

一朵鸡冠花能节几千粒种子，种子肾形，黑色，光泽。无臭，味淡。

鸡冠花的品种因花序形态不同，可分为扫帚鸡冠、面鸡冠、鸳鸯鸡冠、缨络鸡冠等。

依据外形分为

球状花型：花冠部分特别紧密而呈球状的种类，即称为“久留米鸡冠花”，花坛及切花栽培均很普遍。

羽状花型：花形呈羽毛状，花冠似火焰般，色彩鲜明，无论是花坛栽培或做切花，都很讨人喜欢。

矛状花型：花冠类似杉树形的圆锥状，花穗短而紧缩，有特别适合切花的。

第二节　鸡冠花的生物学特性

鸡冠花适应性强，全国大多数地区均可种植。喜欢温暖、湿润的气候环境。

一、光照与温度

喜温暖，忌寒冷。生长期要有充足的光照，不耐霜冻，每天至少要保证有4小时光照。适宜生长温度18～28℃。温度低时生长

慢,入冬后植株死亡。

二、土壤

对土壤要求不严,一般的土壤均可种植。以深厚的壤土或轻壤土为好,具备排灌条件是保证高产优质的基础。要求土壤 pH 值 5～7 之间,6.0 左右为宜,有利于鸡冠花花序的生长和药性成分的聚集。

第三节　鸡冠花的栽培

一、鸡冠花的繁殖及苗期管理

(一)鸡冠花的繁殖

多用种子繁殖法,一般采用直播,也可以玉米移栽。清明季节选好地块,施足基肥,每亩地施有机肥 2000～3000 千克,含氮磷钾各 15 的 45%复合肥 50 千克,翻耕后耙盖均匀,晒 6～8 天,然后整平作畦,畦宽为 2～2.3 米,畦埂坚实,畦面平整,为提高种子发芽率,浇水灌溉一次。播种前进行选种,去除杂质和瘪粒,达到干、净,颗粒饱满,干度 95%以上。按行距 35 厘米开种沟,沟深 5 厘米左右,将种子混土均匀播撒种沟,略用细土盖严种子,踏实浇透水,播种时应在种子中和入一些细土进行撒播,因鸡冠花种子细小,覆土 2～3 毫米即可,不宜深,播种前要使苗床中土壤保持湿润,播种后可用细眼喷查精许喷些水,再给苗床遮上荫,两周内不要浇水。一般在气温 15～20℃时,10～15 天可出苗。夏播于芒种后,也可与白芍,牡丹或其他作物套种,亩用种 0.5 千克。

(二)苗期管理

鸡冠花出苗到定苗或移栽前为苗期,一般为 25 天左右,四月中

旬到五月初。

幼苗出土期间不要浇水,待苗长出3～4片真叶时可间苗一次,拔除一些弱苗、过密苗,到苗高5～6厘米时即应带根部土移栽定植。

苗高2寸,按行距35厘米,株距20～25厘米间苗、定苗,对于偏密位置间下的健壮苗,要带根间下,并移栽到其他田块或缺苗的地方。幼苗期一定要除草、中耕松土,中耕要浅,一次即可。不太干旱时,尽量少浇水。苗高尺许,要施追肥一次。

移栽田块按照35～40厘米行距、25～28厘米株距移栽,移栽后立即浇水。

夏播于芒种后,按行距30厘米播种,苗高6厘米时,按株距20厘米间苗,间下的苗可移栽其他田块,移栽后一定要浇水。幼苗期一定要除草松土,不太干旱时,尽量少浇水。苗高30厘米,要施追肥一次。封城后稍适当打去老叶,开花抽糖时,如果天气干旱,要适当浇水,雨季低挂处严防积水。抽糖后可将下部叶附间的花芽抹除,以利养分集中于顶部主稳生长。

当然,在温室里也可以培养,只要注意温度和温度就可以。但温室里的种植到外面,必须在发芽长出四片叶子后,要在晚上拿到室外去炼苗,就是让它学会适应寒冷的环境。否则会长得细长娇弱很快会死去。

二、鸡冠花营养期管理

定苗或移栽成活后至开花前这段时间为营养生长期,一般是5月上中旬至6月初。此期鸡冠花生长受环境影响很大,其经济产量和药用特性取决于营养生长期的田间管理水平。此期应做好如下几项管理工作。

(一)中耕除草

中耕可疏松土壤,提高低温、调节土壤水分,同时铲除杂草,促

进根系发育，保证鸡冠花植株的健壮生长。中耕要做到早、浅、细，中耕深度一般不超过 5 厘米，以防伤根伤苗，营养生长期中耕 1～2 次。

(二)追肥浇水

在苗高 25 厘米左右时，每亩追施尿素 10～15 千克，加速植株的生长，追肥后应当立刻浇水，促进肥料吸收，让植株充分吸收养分。其余时间应少浇勤浇水，以利于生长，增强花期的抗旱能力，但鸡冠花忌涝，不可积水，如果雨后形成沥涝应当及时排水。此期还可进行叶面追肥，喷施 0.2%磷酸二氢钾溶液或 1%过磷酸钙溶液，可提高植株抗病虫害能力。

三、鸡冠花花期管理

到 6 月份鸡冠花就开始开花了，从开花孕育种子一直到 9 月下旬种子成熟采收前的一段时间都称为花期，花期长达 3～4 个月，有效的管理措施有利于保证药性品质及较高产量。鸡冠花开花以后，这个阶段鸡冠花需肥需水量增大。开花初期，要追肥一次，每亩地追施 45%氮磷钾复合肥 20～25 千克，并浇小水助力根系吸收，促进根及花的生长。鸡冠花开花后，植株抗旱能力增强，一般不需浇水，花期后植株已经封垄，可以不进行中耕，行间的杂草需要人工拔除。8 月份后鸡冠花的种子凸起而发黑，逐步成熟，一直持续到 9 月份白露前后，种子颗粒饱满，变为黑色时就完全成熟了。以收获药材为目的的鸡冠花，在花的生长后期一般就不进行管理了，使其自然生长，有利于提高鸡冠花的药品质量。

四、病虫害防治

(一)叶斑病

叶斑病多发生在植株下部叶片上，病原菌为半知菌亚门镰孢

霉属的真菌，菌丝及孢子在植株残体及土壤中越冬，以风雨、灌溉、浇水溅渍等方式传播。病斑初为褐色小斑，扩展后病斑呈圆形至椭圆形，边缘暗褐色至紫褐色，内为灰褐色至灰白色。在潮湿的天气条件下，病斑上出现粉红色霉状物，即病原菌的分生孢子。发病后期病叶萎蔫干枯或病斑干枯脱落，造成穿孔。

防治方法如下。

农业防治：合理密植，保持田间通风透气，及时摘除病叶。发病地区避免连作，最好与其他花木或作物间隔 2～3 年轮作。增施磷钾肥，提高植株抗病能力，雨后及时排水。

化学防治：发病初期及时喷药防治，药剂有 1∶1∶200 的波尔多液，50％的甲基托布津可湿性粉剂、50％的多菌灵可湿性粉剂 500 倍液喷雾，40％的菌毒清悬浮剂 600～800 倍液喷雾；或用代森锌可湿性粉剂 300～500 倍液浇灌。

(二)根腐病

根腐病为真菌性病害，为镰刀菌引起。根腐病主要危害根部或基部茎，根皮发褐色后腐烂，地上部分叶片发黄，严重时皱缩、枯焦，植株萎缩，甚至整个植株枯死。发病植株不发新根，很容易拔起，发病地块成片干枯，似缺素症。

防治方法如下。

农业防治：发现病株及时拔除，减少传染。

化学防治：在发病初期用 70％甲基硫菌灵可湿性粉剂 1000 倍液浇灌，药液浸湿病株的根茎部位，发病严重的，可以配合发根调节剂。

鸡冠花以花入药，在收获前 30 天内的生长后期严禁使用任何化学农药。

第四节　鸡冠花的采收加工

一般在白露前后，种子逐渐发黑成熟，可及时陆续割掉整个花苔，放在通风处晾晒，晾干程度达到95%时，种子可以抖落下来时就晾晒好了。将种子全部抖落下来，种子再晾晒2～3天。花与籽分开管理，分别入药，一般密产籽150千克，花500千克左右，花在晒时要早晾晚收，勿着早晚露水，以免变质降低药效，种子要扬净，装袋贮存，防霉变生虫。鸡冠花要存放在通风干燥的地方，注意防潮。种子存放温度在10～20℃之间，

鸡冠花药材的炮制方法如下。

(1)鸡冠花：除去杂质和残茎，切段。

本品为不规则的块段。扁平，有的呈鸡冠状。表面红色、紫红色或黄白色。可见黑色扁圆肾形的种子。气微，味淡。

(2)鸡冠花炭：取净鸡冠花，依清炒法(不加辅料的炒法称为清炒法)炒至焦黑色。

本品形如鸡冠花。表面黑褐色，内部焦褐色。可见黑色种子。具焦香气，味苦。

第十章　辛夷

辛夷，中药名。又名木兰、紫玉兰，玉兰属木兰科，落叶乔木，高数丈，木有香气。花初出枝头，苞长半寸，而尖锐俨如笔头因而俗称木笔。及开则似莲花而小如盏，紫苞红焰，作莲及兰花香，亦有白色者，人又呼为玉兰。为中国特有植物，分布在中国云南、福建、湖北、四川等地，生长于海拔 300 米至 1600 米的地区，一般生长在山坡林缘。紫玉兰花朵艳丽怡人，芳香淡雅，孤植或丛植都很美观，树形婀娜，枝繁花茂，是优良的庭园、街道绿化植物，为中国有 2000 多年历史的传统花卉和中药。不易移植和养护，是非常珍贵的花木。

入药辛夷为木兰科植物望春花、玉兰或武当玉兰的干燥花蕾。望春花分布于陕西南部、甘肃、河南西部、湖北西部及四川等地；玉兰分布于安徽、浙江、江西、湖南、广东等地；武当玉兰分布于陕西、甘肃、河南、湖北、四川等地。

辛夷性辛、温，归肺、胃经，具有发散风寒，通鼻窍功效。主治风寒感冒，鼻塞，鼻渊。

第一节　形态特性

落叶乔木，高 3～5 米。

干皮灰白色灰色，纵裂；小枝紫褐色，平滑无毛，具纵阔椭圆形皮孔，浅白棕色；辛夷的花顶生冬芽卵形，长 1～1.5 厘米，被淡灰绿色绢毛，腋芽小，长 2～3 毫米。

叶互生，具短柄，柄长1.5～2厘米，无毛，有时稍具短毛；叶片椭圆形或倒卵状椭圆形，长10～16厘米，宽5～8.5厘米，先端渐尖，基部圆形，或呈圆楔形，全缘，两面均光滑无毛，有时于叶缘处具极稀短毛，表面绿色，背面浅绿色，主脉凸出。

花于叶前开放，或近同时开放，单一，生于小枝顶端；花萼3片，绿色，卵状披针形，长约为花瓣的1/4～1/3，通常早脱；花冠6片，外面紫红色，内面白色，倒卵形，长8厘米左右，雄蕊多数，螺旋排列，花药线形，花丝短；心皮多数分离，亦螺旋排列，花柱短小尖细。

果实长椭圆形，有时稍弯曲。花期在2～3月，果期在6～7月。

宜生长于较温暖地区。

原分布湖北、安徽、浙江、福建一带，野生较少，在山东、四川、江西、湖北、云南、陕西南部、河南等地广泛栽培。产于河南及湖北者质量最佳，销全国并出口。安徽产品集中安庆，称安春花，质量较次。

第二节 生理特性

喜温暖气候，平地或丘陵地区均可栽培。土壤以疏松肥沃、排水良好、干燥的夹沙土为好，山坡及房前屋后都可栽种。辛夷喜光，不耐阴；较耐寒，喜肥沃、湿润、排水良好的土壤，忌黏质土壤，不耐盐碱；肉质根，忌水湿；根系发达，萌蘖力强。望春花生于海拔400～2400米的山坡林中；玉兰生于海拔1200米以下的常绿阔叶树和落叶阔叶树混交林中，现庭园普遍栽培；武当玉兰生于海拔1300～2000米的常绿、落叶阔叶混交林中。

第三节　栽培技术

一、选地整地

选土质疏松肥沃、排水良好、较干燥的沙壤土。每亩施腐熟的有机肥3000千克，深翻20～25厘米，整细爬平，做宽120～150厘米的平畦或高畦，并开好排水沟。

二、繁殖方法

(1)种子繁殖：在9月果轴呈紫黄色、果实将升裂时采收果实，晾子后脱粒，选籽粒饱满、色泽鲜艳的种子与3倍量湿沙混合，挖坑层积贮藏。于秋季或春季播种均可。播前将种子放在加草木灰温水中浸泡3～5天，搓去蜡质，再用温水浸泡一天半后，捞出盖稻草或麻袋，经常浇水保持湿润，经25天左右种子裂口后即可播种。在高畦上按行距25～30厘米开沟，沟深3～4厘米，将种子按3～5厘米的株距播入沟内，覆土盖草，保持土壤湿润，经25天左右，或第二年3～4月出苗。出苗后揭除盖草，开始出苗的一个月中要插枝遮荫，并及时浇水，除草施肥。幼苗培育两年后，于秋季苗高100～200厘米时即可移栽。移栽时按行株距5米×(3～5)米开穴，穴宽40～60厘米、深30～40厘米，施入基肥后栽植幼苗。

(2)嫁接繁殖：在8～9月，从健壮的优质丰产树上，选择发育充实的一年生枝条的饱满芽作接穗，选茎粗1～1.5厘米的2年生实生苗作钻木，在钻木距离地面高6厘米处，用芽接刀切T字形口，长约1厘米，深至韧皮部，再从接穗取下芽，龄入矿木切口内贴稳，用塑料包扎干湿适度的培养土，生根后剪下定植。

(3)压条繁殖：于2～3月花谢后未发叶时，将母株接近地面的细枝条攀下，弯曲埋入土中，将压入土中部分用木钩钩牢，覆土乐

紧，秋季压条生根后剪断定植。也可用高压法，选生长健壮枝干，用塑料包扎下湿适度的培养土，生根后修剪定植。

三、田间管理

(1)中耕、除草：播种出苗后，中耕、除草时结合间苗密苗和弱苗，之后再进行松土、除草2～3次。

(2)追肥：苗高5～10厘米时，施1～2次人畜粪水，每次每6～7平方米施2千克，施后浇水。定植后，每年于10～11月在根周围开环环状沟施入既肥、饼肥、堆肥，每株25千克左右。早春采花蕾后，每株施尿素0.5～1千克。

(3)修剪：早春采收花蕾后，进行适当修剪，剪去过密枝、叉枝、病虫枝、徒长枝。冬季修剪，多培养重短花枝。

(4)浇水：定植后须经常浇水，保持土壤湿润，容易生长新根，成活后如不遇特殊干旱，都不浇水。

(四)病虫害防治

主要害虫有衰蛾、刺蛾、木蠹蛾、介壳虫、红蜘蛛、蚜虫等裴娥幼虫缀叶成虫包在其中取食叶肉；刺蛾以幼虫取食叶片，造成缺刻和孔洞；木蠹蛾以幼虫先蛀入细枝，稍长大后转蛀粗枝及主枝梢部，常将枝梢虹成孔，周围变黑褐色，树枝易折断、枯死；介壳虫、红蜘蛛、蚜虫等刺吸叶片及枝干汁液。

防治方法：摘除越冬虫囊，黑光灯诱杀衰蛾和刺蛾成虫；发现刺蛾幼虫为害，可喷灭幼脲3号或青虫苗等生物制剂进行防治；对介壳虫等刺吸式害虫可用速扑杀、辛硫磷、阿维菌素等进行防治。

第四节 采收与加工

一、采收

辛夷实生苗移栽后5~7年开花,嫁接苗成活后第2、第3年开花。于12月至第二年1~2月采集未开放的花蕾,采时连花梗摘下。

二、加工

花蕾采回后,除去杂质。晒至半干时,收回室内堆放“发汗”1~2天,再晒至全干,即成商品。以身干、花蕾完整、肉舞紧密、芽饱满肥大、香气浓郁者为佳。

第十一章　槐花

槐花又名洋槐花，广义的洋槐花指豆科植物的花及花蕾，但一般将开放的花朵称为“槐花”，也称“槐蕊”，花蕾则称为“槐米”。

槐花花蕾中含芦丁(芸香苷)，开放后的含量少。从干花蕾中得三萜皂苷，水解后得白桦脂醇、槐花二醇和葡萄糖、葡萄糖醛酸。从花蕾中得槐花米甲素、乙素和丙素，甲素是和芸香苷不同的黄酮类，乙素和丙素为甾醇类。又含槲皮素、槲皮素鞣质，还含有大量维生素 A 类物质。

具有凉血止血，清肝泻火的功效。主治血热迫血妄行的各种出血证，肝火上炎所致的目赤、头胀头痛及眩晕等。

用于制作槐花荆芥饮、槐菊茶、大黄槐花蜜饮、马齿苋槐花粥、地榆槐花蜜饮、两地槐花粥和槐花清蒸鱼。在农村，槐花可入药，有去毒之效，还可包制成槐花饭，不仅如此，还可以包成槐花包子、槐花饺子、槐花煎饼、槐花炒鸡蛋、槐花粥。槐花味苦，性平，无毒，具有清热、凉血、止血、降压的功效。对吐血、尿血、痔疮出血、风热目赤、高血压病、高脂血症、颈淋巴结核、血管硬化、大便带血、糖尿病、视网膜炎、银屑病等有显著疗效；还可以驱虫、治咽炎。槐花能增强毛细血管的抵抗力，减少血管通透性，可使脆性血管恢复弹性的功能，从而降血脂和防止血管硬化。

在食用槐花方面，由于槐花性凉，所以平常脾胃虚寒的人不宜食用。

槐树常植于屋边、路边，中国各地普遍栽培，主要在北方，以黄土高原和华北平原为多，一般在每年 4、5 月开花，花期一般为 10～

15天左右。

槐花的颜色都是淡纯洁净的，看上去有一种晶莹剔透之感，像是玉一样。又因为它开在春季，所以槐花的花语就是美丽晶莹，脱尘出俗，春之爱意。因此槐花包含着人们对纯洁美丽的向往，对美好爱情的向往。

槐花在中国各地都有普遍种植，是一种常见的花。在中国古代更是文化悠长，俗语说“门前一棵槐，不是招宝，就是进财”因此槐花是一种吉祥物的象征，古人们也都用来祈求安家保宅，多福多寿。

第一节　形态特征

槐树为落叶乔木，高8～20米。树皮灰棕色，具不规则纵裂，内皮鲜黄色，具臭味；嫩枝暗绿褐色，近光滑或有短细毛，皮孔明显。奇数现状复叶，互生，长15～25厘米，叶轴有毛，基部膨大；小叶7～15，柄长约2毫米，密生白色短柔毛；托叶镰刀状，早落；小叶片卵状长圆形，长2.5～7.5厘米，宽1.5～3厘米，先端渐尖具细突尖，基部宽楔形，全缘，上面绿色，微亮，背面优生白色短毛。圆锥花序顶生，长15～30厘米；萼钟状，5浅裂；花冠蝶形，乳白色，旗瓣阔心形，有短爪，脉微紫，翼瓣和龙骨瓣均为长方形；雄蕊10，分离，不等长；子房筒状，有细长毛，花柱弯曲。荚果肉质，串珠状，长2.5～5厘米，黄绿色，无毛，不开裂，种子间极细缩。种子1～6颗，肾形，深棕色。花期7～8月，果期10～11月。

槐花：皱缩而卷曲，花瓣多散落。完整者花萼钟状，黄绿色，先端5浅裂；花瓣5，黄色或黄白色，1片较大，近圆形，先端微凹，其余4片长圆形。雄蕊10，其中9个基部连合，花丝细长。雌蕊圆柱形，弯曲。体轻。气微，味微苦。

槐米：呈卵形或椭圆形，长2～6毫米，直径约2毫米。花萼下部有数条纵纹。萼的上方为黄白色未开放的花瓣。花梗细小。体轻,手捻即碎。气微,味微苦涩。

第二节 生长环境

槐树为温带树种,喜欢光,喜干冷气候,但在高温高湿的华南也能生长。为深根性喜阳光树种,要求深厚、排水良好的土壤,石灰性土、中性土及酸性土壤均可生长,在干燥、贫瘠的低洼处生长不良。能耐烟尘,适应城市环境。深根性,萌芽力不强,生长中速,寿命很长。

第三节 繁殖方法

一、种子繁殖

(一)选地整地

播种前选地、整地,选择向阳、肥沃、疏松、排水良好的壤土。深翻 60 厘米,整平耙细,做畦,畦宽 70～100 厘米,施足底肥,每亩用腐熟有机肥 500 千克加尿素 5 千克,用圈肥 3000 千克左右撒于畦面。

(二)种子处理

选成熟饱满的种子,先用 70～80℃温水浸种 24 小时,捞出后掺 2～3 倍细沙拌匀,堆放于室内,催芽时注意经常翻倒调节,使上下温度一致,以使发芽整齐,一般需 7～10 天,待 25%～30%种子裂口时即可播种。

(三)育苗

于春、秋季条播或穴播，条播法按播幅10～15厘米播种，覆土2～3厘米厚。北方播后需镇压，每亩用种量10～15千克；穴播法按穴距10～15厘米播种，每亩用种量4～5千克。

(四)假植移栽

在北方，于秋末落叶后、土壤冻结前起苗，假植越冬，挖假植沟，沟宽1～1.2米、深60～70厘米，翌春按株行距60厘米×40厘米栽植，栽后浇水。

二、根蘖分株繁殖

根蘖分株繁殖时，可挖取成龄树的根蘖苗，按株行距1.8米×1.3米开穴，每穴1株，一般4～5年可成株。

三、嫁接繁殖

(一)插皮接

此种方法操作简便，成活率高。在嫁接前，选择生长充实、无病虫害且直径为1厘米左右的一年生枝条做接穗，短截成10厘米左右长，蜡封以防止水分损失，然后沙藏于阴凉背风处备用。4月中下旬，待发芽后，选择胸径3厘米以上、树干较直大苗，在适当位置截干后嫁接。先将接穗下端芽背面削成长3～5厘米的削面，削面要平直并超过髓心，将长削面背面末端削成0.5～0.8厘米的小斜面。在截干处，选平滑顺直的地方，将皮层垂直切一小口，长度为接穗长削面的1/2～2/3，把接穗沿切口木质部与韧皮部中间插入，将长削面朝木质部，使接穗背面对准切口正中，削面“留白”0.3～0.4厘米，根据粗度可接2～3个接穗，使其均匀分布，接穗接

好后，用宽 5 厘米左右的塑料布将伤口绑严即可。嫁接后 1 个月，成活的接穗即可发芽，同时砧木上的隐芽也会萌发，形成萌蘖后要及时将其去除，以免影响接穗生长。因接穗生长旺盛，要及时解绑，并将新梢绑缚在木棍上，以防其被风刮坏。

(二)带木质部芽接

这种方法具有操作简单、成活率高、愈合快、结合牢固、利于嫁接苗生长的优点，因此，在生长上应用较为广泛。另外，高接换头也可用芽接法，在槐大苗的主要侧枝上嫁接。

(三)腹接

嫁接时期在春、夏、秋三季均可进行，不受离皮与否的限制。具体方法是：①剪取一年生枝条做接穗，除去复叶后备用，由于天气较热等原因，最好采取随嫁接随取接穗的方法，以免接穗采下时间过长而使水分丧失而降低成活率；②从接穗枝条芽的上方 1～1.5 厘米处下刀，稍带木质部直向下平削，至芽基以下 1.5～2 厘米横向斜切 1 刀取下芽片，然后选择地径粗 0.5 厘米以上的砧木，在砧木距地面 5 厘米左右迎风面平滑处，从上向下削 1 个与接芽片长宽均相当的切面，下端横向斜切 1 刀去掉削片，随即将芽片插入砧木接口，使削面对准形成层紧贴于砧木削面上，然后用厚 0.03 厘米、宽 1.2 厘米左右的塑料薄膜条绑缚，伤口要全部缠严缚紧；若是夏天嫁接，经 15 天以后，应用刀将芽附近的塑料薄膜划破，使芽暴露出来，使新梢抽生出来，同时检查成活率，未成活的再补接。经过 1 个月再解绑，待新梢长出来后，要及时剪砧并去除砧木萌蘖，促进黄叶槐的生长；若是秋接，解绑后，在第二年春季发芽前剪砧，嫁接好的苗木，夏季发芽后要及时除萌，促进新梢生长，待苗高 60 厘米时，为培养顺直主干，要用竹竿或木棍绑缚新梢，直至达到预期高度。

第四节　田间管理

一、苗田管理

当幼苗出齐后，进行 2～3 次间苗，播种当年按株距 10～15 厘米定苗，5～6 月份追施适量硫酸锌或稀释的人粪尿，7～8 月间注意除草和松土。

二、及时除草

或许是因为槐花具有较强的包容性，在槐树的周围会长出许多杂草。盆栽也一样，建议不要使用除草剂，会对槐花的生长造成一定的影响。手动松土、除草，将草连根拔除。

三、造林养护

槐树多作为“四旁”绿化树种，华北各地常用作行道树、庭园树和环境保护林带进行栽植。树冠郁闭期间，对枯枝干杈要及时修剪、保护和抚育，以美化树形。

第五节　病虫害防治

一、溃疡病

溃疡病在幼苗期或移栽后遇干旱时发生，主要为害枝干。

防治方法：①加强管理，施足水肥，增强抗病能力。②按石灰∶硫黄∶食盐∶水为 5∶1.5∶2∶36 的比例混匀，涂在树干上。③对严重病苗要及时截干，重新养干。

二、槐蚜

1 年发生多代，以成虫和若虫群集在枝条嫩梢、花序及荚果上吸取汁液，被害嫩梢萎缩下垂，妨碍顶端生长，受害严重的花序不能开花，同时诱发煤污病。每年 3 月上中旬该虫开始大量繁殖，4 月产生有翅蚜，5 月初迁飞至槐树上为害，5～6 月在槐树上为害最为严重，6 月初迁飞至杂草丛中生活，8 月迁回槐树上为害一段时间，之后以无翅胎生雌蚜在杂草的根际等处越冬，少量以卵越冬。

防治方法：①秋冬喷石硫合剂消灭越冬虫卵。②蚜虫发生量大时，可喷 50%马拉硫磷乳剂，或鱼藤精 1000～2000 倍液，或 10%吡虫啉（蚜虱净）可湿性粉剂 3000～4000 倍液，或 2.5%溴氰菊酯乳油 2000～3000 倍液防治。③在蚜虫发生初期，或越冬卵大量孵化后卷叶前，用药棉蘸吸 40%氧化乐果乳剂 8～10 倍液，缠绕树干一圈，外用塑料布包裹绑扎。

三、朱砂叶螨

1 年内可发生多代，以受精雌螨在土块孔隙、树皮裂缝、枯枝落叶等处越冬。该螨均在叶背为害，被害叶片最初呈现黄白色小斑点，后扩展到全叶，并有密集的细丝网。严重时，整棵树叶片枯黄并脱落。

防治方法：①越冬期防治。用石硫合剂喷洒，刮除粗皮、翘皮，也可用树干束草来诱集越冬螨，来年春天再集中烧毁。②化学防治。发现叶螨在较多叶片为害时应及早喷药，防治早期为害是控制后期虫害的关键，可用 20%灭扫利乳油 3000 倍液喷雾防治，喷药时要均匀、细致、周到。如发生严重，每隔半个月喷 1 次，连续喷 2～3 次就可收到良好的效果。

四、槐尺蛾

又名槐尺蠖，1 年发生 3～4 代，第一代幼虫始见于 5 月上旬，

各代幼虫为害盛期分别为5月下旬、7月中旬和8月下旬至9月上旬。以蛹在树木周围的松土中越冬，幼虫与成虫蚕食树木叶片，造成叶片缺刻。严重时，整棵树叶片几乎全被吃光。

防治方法：①落叶后至发芽前在树冠下及周围松土中挖蛹，消灭越冬蛹。②化学防治。5月中旬及6月下旬重点做好第一、二代幼虫的防治工作，可用50%杀螟松乳油、80%敌敌畏乳油1000～1500倍液、50%辛硫磷乳油2000～4000倍液、20%灭扫利乳油2000～4000倍液或2.5%溴氰菊酯乳油1000倍液其中一种喷雾防治。③生物防治，可用100亿/g苏云金杆菌乳剂600倍液防治。

五、锈色粒肩天牛

2年发生1代，主要以幼虫钻蛀为害，每年3月上旬幼虫开始活动，蛀孔处悬吊有天牛幼虫粪便和木屑。被天牛钻蛀的槐树树势衰弱，树叶发黄，枝条干枯，甚至整株死亡。

防治方法：

(1)人工捕杀成虫。天牛成虫飞翔力不强，受震动易落地，每年6月中旬至7月下旬于夜间在树干上捕杀产卵雌虫。

(2)人工杀卵。每年7～8月为天牛产卵期，在树干上查找卵块，用铁器击破卵块。

(3)化学防治成虫。于每年6月中旬至7月中旬成虫活动盛期，对槐树树冠喷洒5%杀灭菊酯乳油2000倍液，每15天喷1次，连续喷洒2次，即可收到较好效果。

(4)化学防治幼虫。每年3～10月为天牛幼虫活动期，可向蛀孔内注射80%敌敌畏，或50%辛硫磷5～10倍液，然后用药剂拌成的毒泥巴封口，可毒杀幼虫。

(5)用石灰10千克＋硫黄1千克＋盐10g＋水20～40千克制成涂白剂，涂刷树干以预防天牛产卵。

六、槐树叶小蛾

1年发生2代，以幼虫在树皮缝隙或种子中越冬，七八月份为害最为严重，幼虫多从复叶叶柄基部蛀食为害，造成树木复叶枯干、脱落，严重时树冠出现秃头枯梢，影响观瞻。

防治方法：

(1)冬季树干绑草把或草绳诱杀越冬幼虫；

(2)害虫发生期喷洒50%杀螟松1000倍液，或50%马拉硫磷乳油1000～1500倍液防治。

第六节　采收加工

夏季花蕾形成时采收，及时干燥，除去枝、梗和杂质，即可得到药用的槐米。加工干燥后的槐米呈卵形或椭圆形，长2～6毫米，直径约为2毫米。如遇阴雨天，可将其烘干或炕干，烘时温度约为40℃。以花蕾足壮、花萼色绿而厚、无枝梗者为佳。

花蕾开放后也可收鲜花，采后晒干或烘干保存。干燥后花朵，花瓣多数散落，完整的花呈飞鸟状，直径约1.5厘米，花瓣5枚，黄色或淡棕色，皱缩、卷曲。基部萼筒黄绿色，先端5浅裂。雄蕊淡黄色，须状，有时弯曲。子房膨大。质轻，气弱，味微苦。以色黄白、整齐、无枝梗杂质者为佳。

槐花在药用时分生槐花、炒槐花和槐花炭。每年的夏季，花初开放时采收花朵，习称“槐花”，花未开时采收花蕾，习称“槐米”。其炮制方法有三种，一是除去杂质及灰屑，当日晒干，为槐花；二是取净槐花，按清炒法炒至表面深黄色，为炒槐花；三是取净槐花，按炒炭法炒至表面焦褐色，为槐花炭。

主要参考文献

[1]王柳萍,辛华,黄克南.常用花类中草药图典[M],福州:福建科学技术出版社,2019.

[2]李典友,高松,高本刚.常用花果全草类中草药栽培与加工[M],北京:金盾出版社,2013.

[3]冯维希等.花、叶、茎皮、全草、藻、菌类中药材植物种植技术[M],北京:中国林业出版社,2001.